C语言从入门到精通

全新版
实用教程

许东平◎编著

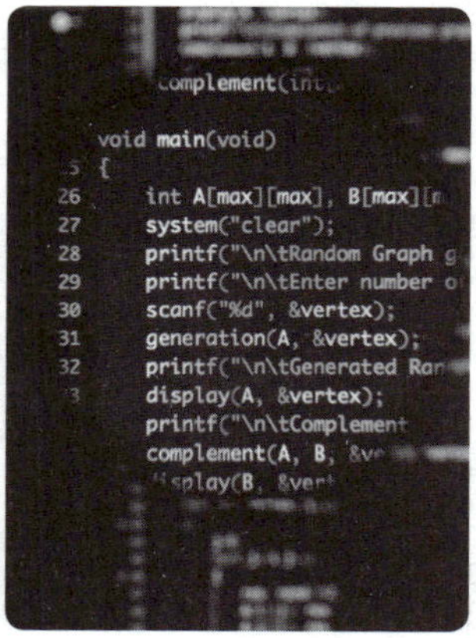

北京时代华文书局

图书在版编目（CIP）数据

C语言从入门到精通 / 许东平编著. -- 北京 : 北京时代华文书局，2020.10（2021.9重印）
ISBN 978-7-5699-3832-6

Ⅰ. ①C… Ⅱ. ①许… Ⅲ. ①C语言－程序设计 Ⅳ. ①TP312.8

中国版本图书馆 CIP 数据核字（2020）第 133315 号

C语言从入门到精通

C YUYAN CONG RUMEN DAO JINGTONG

编　　著 | 许东平

出 版 人 | 陈　涛
选题策划 | 王　生
责任编辑 | 周连杰
封面设计 | 乔景香
责任印制 | 刘　银

出版发行 | 北京时代华文书局 http://www.bjsdsj.com.cn
北京市东城区安定门外大街136号皇城国际大厦A座8楼
邮编：100011　电话：010-64267955　64267677
印　　刷 | 三河市金泰源印务有限公司　电话：0316-3223899
（如发现印装质量问题，请与印刷厂联系调换）
开　　本 | 710mm×1000mm　1/16　印　　张 | 16　字　　数 | 300千字
版　　次 | 2021 年 1 月第 1 版　印　　次 | 2021 年 9 月第 2 次印刷
书　　号 | ISBN 978-7-5699-3832-6
定　　价 | 98.00元

前 言

ntroduction

在计算机数十年的发展历程中，C 语言可谓是浓墨重彩的一笔，甚至有人这样评价它：C 语言的应用之广泛，是其他程序设计语言所不能及的。事实确实如此，即便到了信息化飞速发展的今天，C 语言仍旧是计算机工程领域的通用语言之一，有着无法撼动的地位。

伴随着计算机领域的不断发展，C 语言也与刚刚问世时有了很大不同。本书的主要目的是将更加真实、简单的 C 语言展示给读者，让读者从根源上了解 C 语言是什么、怎么用以及有何利弊等。书中强调了 C 语言的可操作性、灵活性，更列举了大量的实例证明，不再局限于“讲规则”，而是偏重于“讲实例”。

《C 语言从入门到精通》从入门级别的角度出发，可以分为 4 个板块，即 C 语言基础教学、C 语言进阶讲解、C 语言精通掌握、C 语言实际案例。通篇共计 10 个章节，包含 C 语言基础、C 语言中的常量与变量、预处理器、数据类型、数据输入与输出、运算符的表达与优先级、C 语言程序结构等。对如何进行 C 语言编程操作做了详细、系统的描述，添加大量的实例说明，全面、系统、精准地阐述了 C 语言的各项特性，并通过案例讲解程序设计的常见方法，让读者可以更加直观地了解 C 语言。

《C 语言从入门到精通》适合任何想学习 C 语言的读者，无论是从事 C 语言相关行业的工作者，还是曾经接触过 C 语言，但由于种种原因无暇深入学习的人，均可通过阅读本书快速掌握 C 语言的操作技巧。尤其是对于刚刚踏入计算机领域的从业人员而言，本书可谓“行业的半个领路人”，也是必读的程序设计语言参考书。从最基础的地方开始讲起，循序渐进地让读者在实践中学习 C 语言的相关知识，并提升自己的编程能力，最终成长为一名优秀的计算机从业人员。

目 录
Contents

第三章 C语言中的常量与变量 / 031

第四章 预处理器 / 041

附录 1　ASCII 编码一览表 / 183

附录 2　C 语言标准库及其案例 / 191

第一章

关于程序

学习计算机语言的过程和学习一门外语的过程是一样的，首先我们要知道这门语言的发展历程与文化背景。只有了解这门语言是在什么背景下出现的，才会对学习有所帮助，也能够让我们更加有兴趣去了解这门语言。

通过对本章的学习我们可以了解到编程起源、C 语言有趣的诞生过程和多年的发展历程、C 语言本身的优点与缺点。在正式接触 C 语言之前，让我们从历史的脚步看一下 C 语言到底经历了哪些变化。

1.1 编程起源

编程涉及两个概念：一个是指令；另一个是程序。

什么是指令？

指令就是指示的命令，就像人体一样，身体的动作与反应需要由大脑下达指令。经过传输，身体会根据大脑下达的指令做出反应。同样，编程人员对计算机下达指令，计算机即可按照指令内容与类别运行。

什么是程序？

计算机本身是由物体零件组成的机器，经过识别人们输出的指令进行运算。其本身是没有思想的，虽然现在的科技成果中已经有智能计算机的出现，但是也是按照人们预设的命令进行工作。这些命令就是我们通常所说的程序。

人体传输指令的方式是由电信号和神经递质信号携手完成的。计算机同样有自己传输信号的方式，但其传输信号的关键是数字。与人类对于数字的认知不同，计算机只“认识”0 和 1 两个数字，所以传输信号的指令是由 0 和 1 两个数字组成的序列完成的，通过信号的排列与组合形成不同的指令，比如 010101 是一个指令，而 101010 是另外一个指令。一个序列代表一个动作，一组序列就组成了一个程序。

程序是由 0 和 1 两个数字的组合序列来表示的，所以程序员只要将 0 和 1 两个数字按照一定的顺序排列，就会生成让计算机识别的语言。那么，计算机是如何识别这些语言的呢？

我们知道计算机的核心是 CPU，也就是我们常说的“中央处理器”。在生产计算机的过程中，CPU 中已经保存了一套程序，人们在使用计算机的时候，只需要将既定的程序输入到计算机中，由 CPU 在程序库中进行识别并且将识别出的命令进行传输，这个过程就完成了命令的传递。在早期，计算机的指令还很少，但是随着时代的进步以及人们越来越依赖计算机，所需要的命令也越来越多，这就造成一个问题：那就是计算机只能识别 0 和 1 两个数字组成的传输信号，当命令增多时所需要的排列方式也要逐渐增加，当序列长度不够时只能通过增加序列长度的方式来解决这个问题。

简单来说，前期的命令序列只需要 6 位数字的长度就可以完成，比如 010101、101010 等序列。但是随着命令的增加，6 位数字的序列长度已经不能满足人们对命令的需要，这样一来序列长度不得不增加到 16 位，比如 0101010101010101。因为数字序列长度的增加往往伴随着编程失误情况的增加，为了解决这个问题，人们开始使用英文字母与符号来取代数字命令，这样命令序列就好记很多，同时也避免了很多错误的指令出现。

1.2　C 语言的诞生及发展

新事物的诞生总有其必然性，因为社会的发展往往会激励新事物的诞生，所以，C 语言的诞生同样是社会发展的必然产物。那么 C 语言到底是在什么环境下诞生的呢？接下来我们先看一下程序语言的发展。

程序语言的发展主要分为三个阶段：

1. 机器语言。

机器语言也称为“二进制代码语言”。这种语言就是我们最早期的计算机语言，由数字 0 和 1 组成的，也是最基础的语言，通过规律排列 0 和 1 进行命令的传输过程。其优点在于占用资源少，计算机可以直接识别；缺点在于编程繁琐、易出错。

2. 汇编语言。

汇编语言是一种面向机器的程序语言。因为人们对计算机的依赖度越来越高，所需要的命令也越来越多，而繁琐的二进制代码语言需要使用大量的数字，这无疑会增加编程人员的设计难度，所以人们用英文字母或符号来替代二进制代码语言，从而提高编程人员的工作效率，也使得命令的阅读性得到提升。

3. 高级语言。

虽然汇编语言的出现已经有效降低了编程人员在编写程序时的痛苦，但是其缺点也比较明显。因为汇编语言非常依赖硬件体系，并且汇编语言中的符号也比较多，在编程中只能说降低了二进制代码语言的设计难度，但其本身的便捷性并不算高。为了进一步提升工作人员编程的效率，IBM 公司的工程师约翰·贝克斯开发出了最早的高级语言 Fortran。高级语言将程序设计为有语法规律的英文句子，解决了繁琐的二进制代码和符号对编程人员造成的困扰。到今天为止，常见的高级语言包括 Fortran、C 语言、C++、Delphi 等。

属于高级语言的 C 语言，其诞生是必然的，同时也是偶然的。可能很多人不知道，诞生于贝尔实验室的 C 语言竟然只是因为一个研究员想要玩游戏的冲动。

被誉为“电话之父”的亚历山大·格拉汉姆·贝尔（Alexander Graham Bell）于1877年创建美国贝尔电话公司，并经过多年的发展和整合拥有了众多的子公司和研究所，其中就有著名的贝尔实验室。

自1925年以来，贝尔实验室共获得2万多项发明专利，以及8项诺贝尔奖。C语言与Unix就是出自这个实验室，而且诞生的过程也是非常有趣。

20世纪60年代，肯·汤普森因为一款游戏发明了B语言。为了运行这款游戏，肯·汤普森还开发了一个操作系统，这个系统就是后来的Unix。

1971年，肯·汤普森的同事D.M.Ritchie（DM里奇）同样为了这一款游戏，加入了肯·汤普森的队伍并合力开发Unix，甚至改进了肯·汤普森的B语言，而最终被改进的B语言也正式更名为C语言。

1973年，两人用C语言重写了Unix。

C语言和Unix的诞生竟然是因为一款游戏，是不是很多人都会感到诧异，但这也是不争的事实。

1.3 C语言的优势与缺陷

计算机语言是跟随时代的进步和社会发展同步更新的，因为社会的快速发展需要更完善的计算机语言。我们将半个世纪以来计算机语言的发展进行了一个小的总结，见表 1–3–1。

表 1–3–1　计算机语言的发展

年份	相关地点、人物	事件
1963 年	剑桥大学	CPL 的问世
1967 年	Matin Richards	对 CPL 优化，推出 BCPL
1969 年	Ken Thompson	对 BCPL 优化，推出 B 语言
1972 年	D.M.Ritchie	对 B 语言优化，推出 C 语言
1983 年	Bjarne Stroustrup	对 C 语言优化，推出 C++
1995 年	Sun 公司	研发 JAVA 语言
2000 年	Anders Hejlsberg	研发 C#

通过表 1–3–1 可以看出，随着时代的进步和社会的发展，计算机语言不断更新换代。新的语言的诞生，代表一个新的计算机时代的崛起，同时也是对上一代语言的缺点的改进与优化，但最新的计算机语言也会同样存在一部分的缺点。

C 语言的优点主要包括：体量小、运算丰富、灵活自由、可移植、高效性。

1. 体量小：体量小是指在完成相同操作的同时，由 C 语言编程的程序占用的空间很小，有利于节省计算机储存空间以及加快运算速度。

2. 运算丰富：C 语言的运算符包含的范围很广，共有 34 种运算符可以使用，表达方式类型极其丰富。

3. 灵活自由：C 语言是有一定语法存在的，但是在语法的运用上极其灵活，可以根据实际的编程需要在原有的语法基础上进行变更。

4. 可移植：C 语言具有良好的移植性，在不同的操作系统中只需要修改小部分的程序就可以适应新系统。

5. 高效性：我们知道 C 语言的发展进程分为三个阶段，而且每个阶段的出现都是对之前的语言阶段进行优化。通过多次的优化过程，C 语言已经可以实现利用最简单的指令完成高难度的程序设计工作，并且输入的指令也在经过优化后，更加的简单、易懂、可读。

C 语言的缺点包括：自查性差、周期长、语言复杂。

1. 自查性差：虽然 C 语言的编程非常灵活自由，但是同样会带来一些缺点，就是自查性差。如果程序员编写代码时出现错误，C 语言可能会理解为这是一种新的命令，并且会接受这种错误代码。这就导致程序员在编写代码时必须慎之又慎，在编写后也要仔细查漏补缺，以防出现不可识别的错误。

2. 周期长：C 语言设计的程序是“纯手工”打造的，越复杂的项目需要的代码数量就会越多。大量的代码编辑工作会让程序员陷入疲劳状态。

3. 语言复杂：C 语言具有丰富的运算方式，但是这些方式只能通过字符串来实现，设计方面比较复杂，需要经过专业的学习才能使用。

第二章

C 语言基础

C 语言程序主要包含：预处理器指令、函数、变量、语句、表达式、注释等部分。本章我们会学习到 C 语言的基础部分以及 C 语言与其他语言在编程上的优势与区别。

我们以一个简单的 C 语言程序来展开本章节的学习内容：

```
#include <stdio.h>

int main( )
{
/* 注释内容 */
printf("Hello, World! \n");

return 0;
```

```
}
```

分解上述案例的程序顺序，我们可以知道一段简单的程序分为 5 个部分：

1. 预处理器指令：即上述案例中的 #include <stdio.h>，这段程序代表程序编辑之前需要包含的文件。

2. 主函数：即上述案例中的 int main( )，这段程序是主函数，代表程序从此行正式开始。

3. 注释：即上述案例中的 /* 注释内容 */，这段程序不会影响整个程序的运行，只是添加一份对程序的注释。

4. 函数：即上述案例中的 printf("Hello, World! \n");，这段程序是另外一个函数表达式，程序中的“Hello，World”部分会呈现在屏幕上。

5. 终止函数：即上述案例中的 return 0;，此段函数代表终止主函数 int main( )，返回值为 0。

2.1 头文件

.h 是头文件的拓展名，可以被多个源文件引用，引用的方式分两种：一种是软件自带的源文件；另外一种是被编译器处理过的头文件。

被编译器处理过的头文件是需要 #include 预处理指令来引出的；软件自带的头文件需要 stdio.h 引出。所谓的引出其实相当于复制的功能，但是需要注意的是，不可以直接在源文件中复制头文件的内容，这样会被编译器报错。

下面介绍一些头文件的使用方法和类型。

预处理指令 #include 有两种引用形式，分别为引用用户和系统头文件。

引用用户的头文件，即引用当前文件目录下名为 #include 需要的文件。

例如，编辑现有头文件 head.h 如下：

```
Hello *test (void);
```

和一个使用了头文件的主程序如下：

```
int x;
#include "head.h"

int main (void)
{
  puts (test (0));
}
```

编译器产生代码如下：

```
int x;
Hello *test (void);

int main (void)
{
puts (test (0));
}
```

同一个头文件最好只被引用一次。

如果一个头文件被多次引用，那么编译器也同样会多次引用头文件的内容，这会让编译器产生错误。如何避免这种情况发生呢？我们可以把整个文件的内容都放在编译语句中。

当从多个不同的头文件中选择性地引用到程序中时，如何操作呢？这时我们需要编译切合要求的一系列条件来实现。

例如：

```
#if SYSTEM_A
# include "system_A.h"
#elif SYSTEM_B
# include "system_B.h"
#elif SYSTEM_C
...
```

```
#endif
```

当需要处理的头文件比较多的时候，上述做法就比较麻烦，此时我们可以利用宏来定义头文件的名称。这就是有条件的引用。

```
#define SYSTEM_H "system_A.h"
...
#include SYSTEM_H
```

2.2 函数

函数是一组表达语义的语句。每个完整的程序中都至少有一个函数，也就是我们说的主函数 main( )，并且所有其他的程序都可定义其他的函数。

每个函数的出现都代表一个任务需要被执行，如何执行是由程序的需要所决定的。

函数定义的目的是为了提供函数的主体。

为了提高编程的效率，C 语言标准库中提供了很多可以由程序调用的内置函数，比如函数 memcpy( ) 的作用是复制内存到其他位置等。

2.2.1 定义函数

在C语言中，一个完整的函数包括函数头和函数主体，其所组成部分包括函数主体、函数名称、参数、返回类型。

函数主体：代码的正常运行一定是从函数主体开始的，所以其包含了定义函数来开始执行编程任务。

函数名称：函数都有属于自己的名字，这些名字用来区分不同的函数。函数签名就是函数名称与函数参数列表共同构成的。

参数：当一个函数要被调用时，需要有一个参数值，这个值就是我们说的实际参数。

返回类型：每个函数都可以返回到一个数值。Return_type表达的是函数返回的值的数据类型，Return（0）是返回到0的数值。

2.2.2 函数声明

函数声明的作用是将函数的名称以及作用向编译器进行说明。

例：

```
return_type function_名称(parameter 方式);
```

根据上面定义的函数，如果需要函数声明，如下：

```
int min(int A, int B);
```

值得注意的是，在函数声明中，参数的名称是次要的，参数的类型是最重要的。我们把上述函数的名称删除，命令也是可以进行下去的，如：

```
int min(int, int);
```

当一个程序需要同时被文件定义并且调用时，函数声明是必须的，位置在被调用函数的文件顶部。

2.2.3　调用函数

创建函数时，会决定此函数的作用，然后根据需要调用该函数。

当函数被调用时，程序的决定权会被转移给被调用的函数，例如调用的函数去执行任务。当程序的返回程序启动时，会把程序的控制权还给主程序。

函数是否可以被其他文件调用，决定了此函数是内部函数还是外部函数。

如果一个函数只能被本文件中的函数所调用，那么这个函数就是内部函数。在定义内部函数时，前面必须加上代码 static，例：

static 类型名 函数名(形式参数表)

函数的首行为：

```
static int max(int a,int b)
```

内部函数被称为静态函数。因为内部函数的定义是只可以被本文件的函数所调用，所以面对其他文件的函数调用时，不会受到干扰。

如果一个函数可以被其他文件的函数所调用，那么这个函数就是外部函数。在定义外部函数时，在函数的首部左端要加上代码 extern，例如：

函数首部可以为：

extern int max (int 1,int 2)

当然，extern 在定义函数时可以不加，这种情况被默认为外部函数。

使用 inline 修饰过的函数被称为内联函数。

使用内联函数的时候要注意：递归函数不能定义为内联函数。因为内联函数只是起到一个修饰的作用，所以不适合被一些结构复杂的函数所调用。这种只能被先定义才能使用的函数在小程序中使用极为方便，因此其在小程序中使用较广，但是在复杂的函数中则不常出现。

2.2.4 函数参数

如果参数需要被函数调用，则必须声明参数的变量，这些变量就是函数的形式参数。形式参数类似于函数内其他布局的变量，在被需要使用时会被创建，不被需要时就会被撤销。

调用函数的方式有三种：

1. 传值调用：其作用就是将参数的实际值赋予到形式参数上，并且不会让形式参数受到实际参数的影响。

例如：

```
void swap(int x, int y)  //x 交换并接收 a，y 交换并接收 b
{
    int tem = x;
    x = y;
    y = tem;

}
int main()
{
    int a = 6;
    int b = 8;
    swap(a, b);
    printf("%d %d", a, b);

    return 0;
}
```

2. 引用调用：其作用就是通过引用的方式将形式参数指向实际参数，这时对形式参数的操作也会反映到实际参数上，并对其进行同样的操作。

例如：

```
#include <stdio.h>
void swap(int &x, int &y);void swap(int &x, int &y)
{
int temp;
temp = x;
x = y;
y = temp;
}
int main( int argc, char *argv［ ］)
{
int a = 1;
int b = 2;
swap(a, b); // 调用交换函数
printf(" 交换结果为 a = %d, b = %d\n",a,b);
return 0;
}
```

3. 指针传递：其作用就是用指针传递的方式，将两个或者更多的参数传递给另外的两个或者更多参数的过程。

例如：

```
#include <stdio.h>
void swap(int *x, int *y);void swap(int *x, int *y)
```

```
{
int temp;
temp = *x;
*x = *y;
*y = temp;
}
int main( int argc, char *argv［ ］)
{
int a = 1;
int b = 2;
swap(&a, &b); // 调用交换函数
printf(" 交换结果为 a = %d, b = %d\n",a,b);
return 0;
}
```

2.2.5 局部变量、全局变量与形式参数

C 语言中有三个地方可以声明变量，分别为局部变量、全局变量以及形式参数。那么什么是局部变量、全局变量和形式参数呢？

1. 局部变量。

局部变量是定义在函数的内部声明或者块中，只能被函数内部的语句使用。

2. 全局变量。

全局变量是被定义在函数的外部，在整个程序周期内都是有效的，在任意的函数内部中都可以被访问。

在编译过程中，全局变量和局部变量的名称是可以相同的，但是如果这种重复名称放在函数的内部，则编译器只会使用局部变量，不会使用全局变量。

局部变量被定义时，必须由程序员对变量初始化，系统不会自动处理；但是在定义全局变量时，系统会自动初始化。初始化默认值与数据类型的关系见表 2-2-1。

表 2-2-1　初始化默认值与数据类型的关系

数据类型	初始化默认值
int	0
char	'\0'
float	0
double	0
pointer	NULL

3. 程序的形式参数与实际参数。

虽然在 C 语言中，形式参数和实际参数相对来说比较简单，但是也是经常会被混淆的两个概念。

形式参数只是声明一个参数变量，并不会对其赋值，实际参数则恰好相反。

例如：

```
#include <stdio.h>

float test(float,float); // 形式参数，只声明

float main( )
{
float a,b;
print("%f",foat(5,3));// 实际参数，已被赋值
}

float test(float a,float b) // 形式参数
{
a=a+b;
return a;
}①
```

① 参考资料来自菜鸟教程《C 作用域规则》。网址：https://www.runoob.com/cprogramming/c-scope-rules.html

2.3 C语言与其他热门编程语言对比

每种语言都有其特有的规律和表达方式。在众多编程语言当中，C语言与C++、Java、Python等编程语言相比有着不同的作用和运算方式。本节主要讲述C语言与C++、Java、Python的区别。

2.3.1 C语言 VS C++

C语言是面向过程的语言，而C++是面向对象的语言。这两种语言的区别也就是对比面向过程与面向对象的区别。

面向过程：面向过程的编程，就是将问题分为如何解决的步骤，然后按照顺序将解决方案逐一调用。

面向对象：面向对象的编程，是将问题分为若干个对象，然后描述每个对象解决问题时有怎样的表现。

如果比较具体地来理解这两种方式的话，可以将这两个方式比喻为果汁与什锦。

面向过程写出来的程序像果汁：将不同的水果进行榨汁、混合，味道一定会很均匀，不会出现只喝到其中一种果汁味道的情况。但是如果不喜欢其中一种味道的话，需要重新榨汁，重新选择水果从头开始。由此我们可以看出，面向过程的语言性能比较高，但是没有面向对象容易调整、维护。

面向对象写出来的程序像什锦：将不同的水果放到一起，食客可以按照自己的喜欢搭配种类，并且将不喜欢的对象单独挑出去，如果喜欢的某种水果吃完了，还可以单独再加一份。由此我们可以看出，面向对象的语言容易维护和调整，但是性能方面没有面向过程的程序高。

除了表现能力的不同，在其他方面的不同也反应了两种语言的区别：

1. 关键字的不同。

C 语言拥有 32 个关键字，C++ 拥有 63 个关键字。

2. 后缀名的不同。

C 语言后缀名为 .c，C++ 的后缀名为 .cpp。

3. 返回值的不同。

C 语言中，如果有一个函数没有指定的返回值类型，那么这个函数会返回 int 类型。

C++ 中，如果有一个函数没有指定的返回值类型，则类型默认为 void。

4. 参数列表。

C 语言中，函数没有指定参数列表时，默认可以接受多个参数。

C++ 中，因受到严格的参数类型检测，会默认为 void，不接受任何参数。

2.3.2 C 语言 VS Java

Java 同样是面向对象程序设计的语言，主要用于 Internet 应用的开发，是网络时代重要的语言之一。在结构上，可以将 Java 理解为 C 语言的衍生语言，与 C 语言有高度的相似性，比如结构、表达式、运算符等。但是Java更加简洁，这也是它可以成为Internet语言的重要原因。下面我们从不同的方面阐述两种语言的区别：

1. 标识符。

C 语言的标识符是由大小写拉丁字符、数字和下划线组成的，并且不能以数字开头，不能与相关关键字相同。

Java 的标识符由大小写拉丁字符、数字、下划线以及 $ 组成，且不能以数字开头。

2. 关键字。

关键字和保留标识符关键字是两种语言的特殊符号，C 语言和 Java 的关键字较相似，但是还是有一些不同。

Java 拥有自己独有的关键字，例如：

assert

boolean

byte

catch

class

extends

Final

finally

implements

import

instranceof

interface

native

New

package

private

protected

public

strictfp

super

synchronized

this

throw

throws

transient

try

C 语言也有一些 Java 不使用的关键字，例如：

Auto

_bool

_Complex

extern

_Imaginary

inline

register

restrict

signed

sizeof

struct

typedef

union

Usigned

3. 算术类型。

C 语言中有整型与浮点型两种算数类型。整型包括字符、布尔和枚举。同时，C 语言算数类型的大小取决于在编译器中的具体表现。这点和 Java 不同，Java 的类型大小是有明确规定的，并且不支持无符号的整型。

char 类型在 C 语言与 Java 中有着同样的重要作用，但是在应用方面，C语言显然是比较灵活的。C语言中char类型的指针和数组可以用来表示字符串，这是Java做不到的。Java必须要用string类表示。

4. 结构和联合类型。

Java的结构类型需要new来分配，而在C语言中结构变量是由编译器来分配的。同时C语言可以初始化声明匿名结构，但是在Java中是不可以的。

5. typedef 。

typedef并不是预处理指令，而是一个类型创建过程中的另外一个名字，在C语言中是可以相互引用的，但是这种用法在Java中是无法实现的。

6. 数据类型转换。

Java属于强调性的语言，所以在兼容性的要求上要比C语言更加的严格。Java中所有的数值传送都要考虑兼容性——除了布尔运算和枚举类型以外，Java中允许所有的基本类型互换转换。

int类型是C语言变量的表示形态，并且允许算术类型转换为布尔类型。

7. 函数。

（1）C语言实现变量和函数必须要声明和定义，而Java只有定义。

（2）因为Java是面对对象的语言，所以C语言在Java面前相当于静止的。

（3）C语言中函数的返回值会自动转换，而在Java中想要转换必须要加入强制转换。

（4）顺序方面C语言是没有定义的，但是Java必须是从左到右。

8. 预处理器及头文件的比较。

预处理器方面，C语言可以接收一些文本并将其转换，头文件的作用是用来声明原型以及变量等数据，但是在Java中没有头文件也没有预处理器的设置。

2.3.3 C语言 VS Python

随着人工智能的兴起，Python成为了编程语言中很热门的存在。Python被称为“最简单易学的语言”，很多新手在接触编程语言时也会选择Python作为自己的“启蒙老师”。而Python是由C语言实践的。本节我们将对比下Python与C语言的优缺点：

1. 应用场景。

C语言属于编译型语言，经过编译后生成代码运行，其特点就是执行速度快，编程过程严格，一般用于操作系统的开发。

Python执行速度没有C语言快，但由于Python拥有虚拟机的原因，所以Python是可以完成高度集成软件开发工作的。

2. 变量。

C语言需要实现定义变量的类型。比如int，当定义一个int变量后，内存中就会开辟出字节，然后再进行初始化，因为长度是已经定好的，所以在运算的过程中要考虑溢出、精度等问题。

Python不需要实现定义变量类型，在内存中放入的数据可以由变量指向决定，而变量是没有类型的。

3. 数据类型。

Python 在基础数据类型中数量变少了，所以在编译过程中不需要考虑到数据溢出和精度的问题，当需要使用程序中某个变量时，可以直接使用。但是在 C 语言中，如果需要使用某个变量，必须要在程序开头重新定义变量才可以使用。

4. 输入与执行。

Python 提供了一个交互的界面，输入 Python 进入，输入 exit( ) 退出，类似于 Linux 中断，可以逐行地输入与执行，相比 C 语言方便了很多。

5. 运算符和优先级。

Python 中没有自加自减的运算符，但是 Python 在逻辑关系的处理上更为优秀。比如，Python 中可以是 and、or 或者 not，但是在 C 语言中需要用较为复杂的符号进行编译。

6. 表达式。

Python 中是通过缩进来表示语句的，而 C 语言是用 {} 来表示，并且在 {} 中每一条程序的结尾是没有分号的。

7. 函数。

Python 有很多内置函数，所以可以不用写头文件，还给客户提供了大量的模板，当我们需要时，直接调用就可以了。相较于需要重新创作的 C 语言来说，Python 在应用方面效率较高。

第三章

C 语言中的常量与变量

3.1 常量

常量的设定是设置一个固定的值，无论其他程序如何变动，常量是不会变化的。常量与变量只有一线之差，区别在于常量被定义后是否可以被修改。

3.1.1 定义常量

C 语言中定义常量分为预处理器定义和关键字定义两种，下面我们结合案例看一下两种定义常量的区别。

1.#define 预处理器。

举例如下：

```
#define identifier value
```

例如：

```
#include <stdio.h>

#define LENGTH 5
#define WIDTH 10
#define NEWLINE '\n'

int main( )
{

int area;

area = LENGTH * WIDTH;
printf("value of area : %d", area);
printf("%c", NEWLINE);

return 0;
}
```

2.const 关键字。

我们也可以用 const 前缀来指定常量：

```
const type variable = value;
```

例如：

```
#include <stdio.h>


int main( )
{
const int LENGTH = 5;
const int WIDTH = 10;
const char NEWLINE = '\n';
int area;


area = LENGTH * WIDTH;
printf("value of area : %d", area);
printf("%c", NEWLINE);


return 0;
}
```

其结果如下：

value of area : 50[①]

3.1.2 常量分类

常量根据表现形式的不同可以分为四大类，分别为整型常量、浮点常量、字符常量以及字符串常量。下面我们详细地分析这四种常量的不同之处：

1. 整型常量。

整型常量就是直接使用的、由整常数组成的常量，比如 135、246、–369 等。整形常量可以是长整形、短整形、符号整形等。

整形常量可以根据其指定基数的位置分为两种：

第一种是前缀指定基数的：可以分为 0x 或者 0X 表示十六进制；或者 0 表示八进制；不带前缀的默认为十进制。

第二种是加入后缀的 U 和 L 组合：U 为无符号整数，L 为长整数。

我们可以通过下面的两份案例，直观地看出区别。

例 1：

```
121        /* 合法的 */
215l       /* 合法的 */
0XFeeL     /* 合法的 */
028        /* 非法的：8 不是八进制的数字 */
```

① 参考资料来自菜鸟教程《C 常量》。网址：https://www.runoob.com/cprogramming/c-constants.html

023LL　　/* 非法的：不能重复后缀 */

例 2：

86　　/* 十进制 */

0213　　/* 八进制 */

0X5a　　/* 十六进制 */

10　　/* 整数 */

10u　　/* 无符号整数 */

10l　　/* 长整数 */

10ul　　/* 无符号长整数 */

2. 浮点常量。

浮点常量也被称为实型常量，是由整数部分、小数部分、指数部分组成的，并且是用十进制的小数点进行分割。

例：

3.14159265　　/* 合法的 */

314159E-6L　　/* 合法的 */

201E　　/* 非法的：不完整的指数 */

610f　　/* 非法的：没有小数或指数 */

.e35　　/* 非法的：缺少整数或分数 */

3. 字符常量。

字符常量，如‘x’是要包含在单引号当中的，并且储存空间在 char 类型的变量中。

C 语言的编程中，有些特殊的符号，例如“/”，当斜杠的方向不同时，其表达的意思也会不一样。字符常量没有规定必须由哪些元素组成，可以是一个字符，也可以是一个序列。

例：

\\　　\字符

\"　　"字符

\?　　?字符

\a　　警报铃声

\b　　退格键

\f　　换页符

\n　　换行符

\r　　回车

\ooo　　一到三位的八进制数

\xhh . . .　　一个或多个数字的十六进制数

4. 字符串常量。

字符串常量是需要被双引号包括的，其内容可以是字符或者序列。如果常量数据需要使用分隔符，那么空格就代表分隔符。下面我们将列举三种不同形式的程序，但是字符串是相同的。

一、"hello, teacher"

二、"hello, \

Teacher"

三、"hello, " "t" "eacher"

3.2　变量

简单来说，变量只是程序可操作的储存区的名称。在 C 语言中每个变量都有自己特定的类型，而类型确定了变量储存的空间和布局，在变量范围内的值都可以储存在内存中，其中运算符也可以应用在变量上。

变量的名称可以由字母、数字和字符来组成，但是必须以字母或者下划线开头。C 语言对大小写的辨认是非常敏感的，所以变量的大小写也决定了变量的属性。

3.2.1　变量定义

变量定义就是说明编译器在储存区创建变量的位置和方式。变量定义可以指定一个数据类型，包含了这种类型的一个或者多个变量的列表。

例：

float variable_file;

在这里，float 的位置必须由一个有效的 C 数据类型替代。有效的

C 数据 variable_file 可以由一个或多个标识符名称组成，多个标识符之间用逗号分隔。

3.2.2 变量声明

变量声明的存在是保证变量以合法的状态存在，这样编译器可以在不审核的情况下保证变量的合法性。

在编译过程中变量声明才会有意义。变量声明有两种情况：一种是需要建立储存空间的；另外一种是不需要储存空间的。

3.2.3 全局变量和局部变量

全局变量和局部变量在内存中的区别：

全局变量与局部变量的区别之一就是它们的储存空间不同：全局变量储存在内存的存储区中，而局部变量则保存在栈中。经过系统处理过的变量会根据属性的不同分配到不同的单元当中。下面举出几个比较常用的储存区域：

1. 栈。

由编译器管理，目的在于储存参数、返回值、变量以及函数返回值。

2. 堆。

可以“帮助”程序员去申请和释放空间。在程序员操作过程中，如果在释放空间步骤上遗漏的话，堆会帮助程序员进行释放。

3. 常量储存区。

用于储存常规的字符串。

4. 代码储存区。

用于储存二进制代码。

5. 全局储存区。

用于储存已经初始化和未初始化的变量。

由此可见，全局变量与局部变量在储存空间上还是有区别的，外部和静态的变量主要是储存在全局储存区；自动变量主要保存在栈中。

3.2.4　左值与右值

C 语言中有两种类型的表达方式，分别为左值与右值。下面我们来阐述这两种赋值方式的区别：

1. 左值，即出现在赋值号左边的值，指向的是内存的位置，有时候也可以被放置在右边。

2. 右值，即只可以出现在赋值号右边的值，指向的是内存中地址的数值。

由此我们可以看出，变量属于左值；而数值类的数值属于右值。下面列举两个例子来说明：

```
int g = 1;
```

上述内容属于一个有效的语句，而下面的案例就是错误语句的示范：

```
1 = 100;
```

第四章

预处理器

预处理器从属性上来说并不是编译器的组成部分，它可以单独出现。但是我们为什么要在编译过程中加入预处理器呢？预处理器在什么情况下才会被加入到代码行列中呢？我们本章就来阐述这些问题。

4.1 工作原理及指令

预处理器是以“#”开头的，并且必须是第一个字符。为了更好地理解，我们列举一些比较重要的预处理器命令：

指令	描述
#define	定义宏
#include	包含一个源代码文件

#undef　　取消已定义的宏

#ifdef　　如果宏已经定义，则返回真

#ifndef　　如果宏没有定义，则返回真

#if　　如果给定条件为真，则编译下面代码

#else　　#if 的替代方案

#elif　　如果前面的 #if 给定条件不为真，当前条件为真，则编译下面代码

#endif　　结束一个 #if……#else 条件编译块

#error　　当遇到标准错误时，输出错误消息

#pragma　　使用标准化方法，向编译器发布特殊的命令到编译器中

下面通过实例说明：

例 1：

#define Word 1

这个指令告诉预处理器把所有的 Word 替换为 1。

例 2：

#include <plan A>

#include "mywork"

以上指令代表将系统库中的 <plan A>，添加到源文件中，并且下面需要从本地目录中获取 "mywork" 文档，同样添加到源文件中。

例 3：

#undef Plan B

#define Plan B 100

以上指令含义为取消 Plan B，并且将其定义为 100。

例 4：

#ifndef PLAN C

#define PLAN C "D!"

#endif

以上指令代表只有 PLAN C 没有被定义时，才可以去定义 D。

4.2 宏

4.2.1 预定义宏

代码编译过程中，可以预定义宏。这些预定义可以将我们需要的宏提前预定编译，如以下较为常用的预定宏：

宏　　描述

“DATE”　当前日期，一个以 "XXXX 年 XX 月 XX 日 " 格式表示时间常量

“TIME”　当前时间，一个以 "XH:XM:XS" 格式表示时间常量

“FILE”　当前文件夹，以文件夹名称为名字的名称常量

“LINE”　当前行号，以十进制常量为单位的常量

下面通过实例说明：

例：

```
#include <Time>
main( )
{
  printf("File :%s\n", __FILE__ );
  printf("Date :%s\n", __DATE__ );
  printf("Time :%s\n", __TIME__ );
}
```

当上面的代码（在文件 Time 中）被编译和执行时，它会产生下列结果：

```
File :Time
Date :Jun 12 2020
Time :02:16:34
```
[①]

4.2.2 #运算符

运算符是预处理器提供的一种创建宏的方式，可以分为两种：一种是宏延续运算符；另外一种是字符串常量运算符。

1. 宏延续运算符“\”。

宏的编译通常运行一个单行，但是如果宏的字符过长，我们需要

① 参考资料来自 CSDN 博客，C 预处理器。网址：https://blog.csdn.net/weixin_30755709/article/details/96856068

使用延续运算符来续写宏，例如：

```
#define message_for(X, Y) \
printf(#X and #Y : Thank you!)
```

2. 字符串常量化运算符“#”。

当宏的编译过程中，需要把参数转化为字符串常量时，需要使用字符串常量运算符“#”，例如：

```
#include <stdio.h>
#define message_for(a, b) \
printf(#a " and " #b ": Hello!\n")
int main(void)
{
message_for(Lily, Lucy);
return 0;
}
```

运算结果如下：

```
Lily and Lucy: Hello!
```

4.2.3 ## 运算符

当宏的编译需要合并两个参数时，需要标记粘贴运算符“##”，例如：

```
#include <stdio.h>
#define tokenpaster(n) printf ("token" #n " = %d", token##n)
int main(void)
{
int tokenA = B;
tokenpaster(A);
return 0;
}
```

运算结果如下：

```
tokenA = B
```

因为编译器实际会产生的输出为：

```
printf ("tokenA = %d", tokenA);
```

4.2.4 带参数的宏

预处理器可以使用带参数的宏来模拟函数，例如：

```
int square(int a)
{
return a * a;
}
```

我们可以使用宏重写上面的代码：

#define square(a) ((a) * (a))

当使用这些带有参数的宏时，必须要使用指令 #define 来指定，例如：

```
#include <File A>
#define MAX(a,b) ((a) > (b) ? (a) : (b))
int main(void)
{
printf("Max between 100 and 1 is %d\n", MAX(1, 100));
return 0;
}
```

当被执行时，运算的结果如下：

Max between 100 and 1 is 100[①]

4.2.5 空的宏参数

空的宏参数代表无参数的宏定义，编译的格式如下：

#define 标识符 替换列表

其中，替换列表可以是数值常量、字符常量等。根据格式我们可以理解为是带有标识的字符常量、数值常量。下面我们分别列出不同

① 参考资料来自脚本之家《深入理解 C 预处理器》。网址：https://www.jb51.net/article/91546.htm

案例进行分析：

1. “#”并不一定要在行首，但它前面只可以是空格符。

例：

#define PI 3.1416 // 正确，该行 # 前可以有空格。

2. 标识符和替换列表之间不可以有赋值号 =，替换列表后不可以有分号。

例：

#define N =1 // 正确，预处理器会用 =1 替代 N。

3. 结尾不能加分号，在定义时一般没有问题，但是当运行宏时容易出错。

例：

#define N 5; // 正确，但会用 5 替代 N。

4. 当替换列表一行写不下时，可以使用反斜线 \ 作为续行符延续到下一行。

例：

```
#define Hello "Welcome \
to CHINA "
```

值得注意的是，如果需要续行的话，直接敲击回车键就可以，不需要自己重新编译其他符号。

4.3 条件编译

预处理器与源文件使用的字符集是相同的，而且预处理器可以根据条件识别字符，可以是负字符值等。下面列举一些可以被识别的指令：

#if

#endif

#elif

#else

include

#ifdef

#pragma

条件编译的目的一般是防止同文件的多重包含。

4.3.1 #if 指令、#endif 指令、#elif 指令和 #else 指令

#if 指令与 #endif 指令是相匹配的，在 #if 指令与 #endif 指令之前，#elif 指令的指令数目是不限的，但是必须只能有一个 #else 指令。

#else 必须是 #endif 之前的最后一个指令。

#if、#elif、#else 和 #endif 指令可嵌套在其他 #if 指令的文本部分。

每个嵌套的#else、#elif或#endif指令应属于前面最近的一个#if指令。

替换的宏命令必须在#elif命令后进行，宏调用可以用在常量的表达式中。预处理器会选择所有的文本或者其他的预处理指令去关联#elif、#else或#endif。

4.3.2 defined运算符

Defined运算符的作用是在常量表达式中体现的，用来确定是否已经被#define定义过。如果标识已定义则为真，反之则为假。下面列举出defined( )运算符的使用方法：

例：

```
#include <stdio.h>
#if !defined (MESSAGE)
#define MESSAGE "You win!"
#endif
int main(void)
{
printf("Here is the message: %s\n", MESSAGE);
return 0;
}
```

运算结果如下：

```
Here is the message: You win!
```

4.3.3 #ifdef 指令和 #ifndef 指令

#ifdef 和 #ifndef 指令与上述的 defined（标识符）的作用是一样的，所以我们可以理解为：

#ifdef 标识符 等于 #if defined 标识符；

#ifndef 标识符 等于 #if !defined 标识符。

凡是 #if 指令可以出现的地方都是使用 #ifdef 和 #ifndef 指令。当标识符确定定义时，#ifdef 运算符等同于 #if 1；当标识符未被定义时，语句等用于 #if 0。

由此我们可以得出结论，标识符未被定义时，条件为真，反之则为假。

4.4 其他种类指令

4.4.1 #error 指令

#error 是错误消息指令，它可以包含字符串参量，并且可以得到属于宏的拓展。该指令在对于检测编译程序是否矛盾，或者是否出现违规现象的时候非常有效且简便。例如：

```
#if !defined(Language)
#error Language required.
#endif
```

因为遇到错误指令 #error，所以编译被终止。

4.4.2 #line 指令

#line 指令的作用是将编译器储存的文件名或者行号变更为设定的文件名和行号，目的在于强调编译器需要按照设定的行号去对源代码进行重新编译。在编译过程中使用 #line 指令可以准确得知错误行号的位置，帮助程序员去定位需要修改的行号或者文件名。

例 1：

```
# line constant "Language"
```

上述的代码的含义就是将指定行号 constant 进行重新编译，并且需要把当前的文件名改为“Language”。

例 2：

```
#include <iostream>

using std::cout;

int main( )
```

```
{
#line 1 "kevin"
int a=1;
aa=1;
cout<<a;
return 0;
}
```

4.4.3 #pragma 指令

#pragma 指令是功能最强大也是最复杂的指令。#pragma 指令的作用是设定编译器的编译状态或者指示编译器去进行特定的操作。

这些特定的操作是建立在与程序保持兼容的状态下完成的，根据 #Pragma 指令的定义去修改不同的编译器动作。

不同的编译器，使用 #pragma 指令的功能也不一样。下面我们列举出一些比较常见的 #pragma 指令功能：

1. #pragma message 消息：可以打印出检测的结果。

2. #pragma once ：如果此命令出现在开头，可以确保头文件只会被编译一次。

3. #pragma hdrstop：代表编译的头文件从这个地方断开，后续不用编译。

4. #pragma pack( )：是用来设置结构定义的字节对齐方式。

第五章

数据输入 / 输出

数据的输入，代表程序需要在编译过程中增加数据，包括函数的输入、文件的输入或者命令的输入。

数据的输出，代表程序需要在特定的空间去呈现程序的运行结果，比如屏幕上、打印机上等。

5.1 输入函数格式及基本语句

输入函数，我们称之为 scanf 函数，就是用户按照 C 语言制定的格式利用键盘输入，将数据编写到指定的代码中去。

5.1.1 格式

输入函数的格式是：%[*][宽度][长度]，方括号[ ]中的内容可以任选，我们可以通过最简单的长度、宽度格式来说明一下：

1. 类型。

表示输入数据的类型，如下所示：

格式	字符意义
d	输入十进制整数
o	输入八进制整数
x	输入十六进制整数
u	输入无符号十进制整数
f 或 e	输入实型数（用小数形式或指数形式）
c	输入单个字符
s	输入字符串

2. “*”符。

用来表示这一项内容读入后不会被赋予相应变量，也就是跳过该输入值。如下例所示：

%[*][宽度][长度];

当输入为：宽度为 X、长度为 Y 时，X 宽度被跳过，Y 长度赋予长度。

3. 宽度。

用十进制整数指定输入的宽度（即字符数）。如下所示：

```
scanf("%2d",&x);
```

输入 123 只把 12 赋予变量 x，其余部分被截去。如下所示：

```
scanf("%3d%3d",&x,&y);
```

输入 123456 将把 123 赋予 x，而把 456 赋予 y。

4. 长度。

长度分为两种，分别为 l 和 h。l 表示输入的长度属于长整型的数据；h 表示输入的长度属于短整型的数据。

5.1.2 基本语句

scanf 函数原型是在头文件当中的，与 printf 函数相同。格式控制字符串的作用与 printf 函数一致，但无法显示非格式字符串，也就是说，无法显示提示字符串。

地址表列中包含了各变量的地址，其内容由地址运算符“&”与变量名组成。

例：

&x、&y 分别表示变量 x 和变量 y 的地址。

这个地址就是编译系统在内存中给 x、y 变量分配的地址。

C 语言中是有地址的概念的，这是与其他语言最大的不同点。

变量的地址、变量值和变量名的关系可以通过下述例子说明。

在赋值表达式中给变量赋值，如：

x=123;

则，x 为变量名，123 是变量的值，&x 是变量 x 的地址。

5.2 输出函数格式及基本语句

输出函数即 printf 函数，名称中最后一个字母“f”就是“format”格式的意思，功能就是按照用户指定的格式将数据呈现在屏幕当中。

5.2.1 格式

格式字符串的形式为：[标志][输出最小宽度][. 精度][长度] 类型，其中 [ ] 内的项是可选项。

1. 类型。

类型字符用来表示输出数据的类型。如下例所示：

格式字符	意义
d	以十进制形式输出带符号整数
o	以八进制形式输出无符号整数
x,X	以十六进制形式输出无符号整数
u	以十进制形式输出无符号整数

f	以小数形式输出单、双精度实数
e,E	以指数形式输出单、双精度实数
g,G	以 %f 或 %e 中较短的输出宽度输出单、双精度实数
c	输出单个字符
S	输出字符串

2. 标志。

标志字符分为加、减、# 和空格四种，我们用字符表示即为 +、–、# 和空格：

标志	意义
–	结果左对齐，右边填空格
+	输出符号 (正号或负号)
空格	输出值为正时冠以空格，为负时冠以负号
#	当运算结果有小数时，会出现小数的运算

3. 宽度。

用十进制整数来表示输出的最少位数。

如果实际的位数多于定义的宽度，那么就按照实际的宽度输出；如果实际位数小于宽度，那么就要以空格或者 0 作为补充。

4. 精度。

精度格式符以“.”开头，后跟十进制整数。

5. 长度。

长度格式符包括 h、l 两种：h 是指依照短整型量输出；l 是指依照长整型量输出。

5.2.2 基本语句

printf 函数是一个标准库函数。在使用 printf 函数时，不要求必须包含 stdio.h 头文件。其函数调用的一般形式为：

printf(“格式控制字符串”，输出表列)

格式字符串以 % 开头，并且在 % 后面可以加入输出数据类型、形式、长度等。这就是我们说的指定输出格式。

例：

“%d” 表示按十进制整型输出；

“%ld”表示按十进制长整型输出；

“%c” 表示按字符型输出等。

5.3 字符数据及字符串数据的输入 / 输出函数

字符数据输出使用的是 putchar，作用是向显示设备输出一个字符。

putchar 的语法格式是：

int putchar(int ch);

其中的 ch 是要进行输出的字符，包括字符型变量、整型变量、常量等，如输出一个字符串 x，putchar(x);，每次只能输出一个字符。

字符数据输入使用的是 getchar，其作用是从输入设备输入 char( )。

getchar 语法格式是：

int getchar( );

getchar 和 putchar 的区别是 getchar 没有参数，每次只能输入一个字符串。

5.3.1　字符数据的输入与输出 getchar( )putchar( )

int getchar(void) 函数从屏幕输入一个可用的字符，并将它返回为一个整数。

这个函数在同一个时间内只会读取一个字符，我们可以不断地循环读入，以便从屏幕上读取多个字符。

int putchar(int c) 函数把字符输出到屏幕上，并返回相同的字符。

这个函数在同一个时间内只会输出一个字符。我们同样可以不断地循环使用，以便在屏幕上输出多个字符。

5.3.2　字符串数据的输入与输出 gets( )puts( )

字符串输出函数 puts 的语法格式为：

int puts(car *str);

str 属于字符指针类型，能够接收要输出的字符串。

字符串输入函数 gets 的语法格式为：

char *gets(char ,*str);

str 字符串指针变量为形式参数。

第六章

关系运算符、表达式及优先级

C 语言提供了多种类型的运算符：算术运算符、关系运算符、逻辑运算符、位运算符和赋值运算符。

本章将逐一介绍算术运算符、关系运算符、逻辑运算符、位运算符、赋值运算符和其他运算符，以及它们的优先级性能和结合性。

6.1 算术运算符及表达式

标准算术运算符是加法（+），减法（–），乘法（*）和除法（/）等，通过运算的方式表达。

以下列出 C 语言所支持的所有算数运算符。假设运算数值分别为 X、Y 的两个数，其结果见表 6–1–1。

表 6-1-1　通过算术运算符运算 X 和 Y

运算符	描述	结果
+	将两数相加	X+Y
–	从第一个数据中减去第二数据	X–Y
*	将两数相乘	X*Y
/	将两数做除法	Y/X
%	整除后余数	Y%X=0
++	增加运算后，整数值 +1	X++=X+1
––	增加运算后，整数值 –1	X––=X–1

6.2 关系运算符及表达式

以下列出 C 语言所支持的所有关系运算符。假设有两个不相同且数值分别为 X、Y 的数字，并且 Y 的数值大于 X，其运算结果见表 6–2–1。

表 6–2–1　通过关系运算符运算 X 和 Y

运算符	描述	结果
==	检测两个数值是否相等，若相等则为真	（X==Y）为假
!=	检测两个数值是否相等，若不相等则为真	（X!=Y）为真
>	检测左面数值是否大于右面，若是则为真	（X>Y）为假
<	检测左面数值是否小于右面，若是则为真	（X<Y）为真
>=	检测左面数值是否大于或等于右面，若是则为真	（X>=Y）为假
<=	检测左面数值是否小于或等于右面，若是则为真	（X<=Y）为真

6.3 逻辑运算符及表达式

以下列出 C 语言所支持的所有逻辑运算符。假设有两个不相同且数值分别为 X、Y 的数字，并且 X=1,Y=0，其运算结果见表 6–3–1。

表 6–3–1　通过逻辑运算符运算 X 和 Y

运算符	描述	结果
&&	“逻辑与运算符”如果两个数据都非 0，则为真	（X&&Y）为假
||	“逻辑或运算符”如果数据中有一个非 0，则为真	（X||Y）为真
!	“逻辑非运算符”用于逆转逻辑状态，假假为真	!（X&&Y）为真

6.4 赋值运算符及表达式

以下列出 C 语言所支持的所有赋值运算符。假设有三个不相同且数值分别为 X、Y 和 Z 的数字，其运算结果见表 6-4-1。

表 6-4-1　通过赋值运算符运算 X 和 Y

运算符	描述	结果
=	简单的赋值运算符	Z=X+Y
+=	加且赋值运算符	Z += X 相当于 Z = Z + X
−=	减且赋值运算符	Z −= X 相当于 Z = Z − X
*=	乘且赋值运算符	Z *= X 相当于 Z = Z * X
/=	除且赋值运算符	Z /= X 相当于 Z = Z/ X
%=	求两个操作数的模赋值给左边操作数	Z %= X 相当于 Z = Z % X
<<=	左移且赋值运算符	Z <<= 2 等同于 Z = Z << 2
>>=	右移且赋值运算符	Z >>= 2 等同于 Z = Z >> 2
&=	按位“与”且赋值运算符	Z &= 2 等同于 Z = Z & 2
^=	按位“异或”且赋值运算符	Z ^= 2 等同于 Z = Z ^ 2
I=	按位“或”且赋值运算符	Z |= 2 等同于 Z = Z | 2

6.5 位运算符

运算符是对二进制的位数进行的逻辑运算，它包括“与”“非”“或”“异或”四种。

6.5.1 按位与运算符

与运算符用符号“&”表示，运算规律为：

操作中两个中位数都为1，那么结果才为1，反之则为0。

6.5.2 按位或运算符

“或”运算符用符号“|”表示，运算规律为：

操作中的两位位数只要有一个为1，那么就结果就是1，反之则为0。

6.5.3 按位异或运算符

异或运算符用符号“^”表示，运算规律为：

操作中的两位运算结果相同则为 0，反之则为 1。

6.5.4 按位取反运算符

返运算符用符号“~”表示，其运算规律如下：

如果位为 0，结果是 1；如果位为 1，结果是 0。

例：

```
public class dataX
{
public static void main(String [ ]args)
{
int a=4;
System.out.println("a 非的结果是："+(~a));
}
}
```

6.6 优先级及结合性

优先级的意思是，在同一个操作情况下，有优先级的优先处理。这就相当于数学中的先乘除后加减。

结合性的意思是，在同一优先级的情况下，计算的方向可以从左到右，也可以从右到左。

例：

```
#include <stdio.h>


int main( )
{
int a[3] = {1, 3, 5, 7, 9};
int *p = a;
printf("%d\n", *p++);//1, ++ 的优先级大于 *


return 0;
}
```

运算符优先级记忆的原则为：

1. 从整体优先级的角度来说：初级运算符>单目运算符>双目运算符>逗号运算符。

2. 所有赋值运算符优先级均为一致，唯有逗号运算符低于赋值运算符。

3. 其他双目运算符的优先级：

算数运算符>移位运算符>关系运算符>按位运算符>逻辑运算符。

初级运算符有：

符号	名称
( )	圆括号
[ ]	下标运算符
.	结构体或者类的成员运算符
->	指向结构体或者类的成员运算符

运算符的结合性规律就是顺序，除了单目运算符、三目运算符、赋值运算符三种是从右向左以为，剩下的都是从左到右。

第七章

C 语言程序结构

7.1 流程概述及语句

7.1.1 基本赋值语句

基本的赋值语句结构是由表达式加符号构成的完整表达式语句，它的结构如下：

变量 = 表达式；

使用赋值语句时要注意以下方面：

1. 在赋值符“=”右边的表达式也可以是新的赋值表达式。

例：

```
a=b=c=d=e=100;
```

2. 变量说明中初始值与赋值语句的区别。赋值语句必须用分号结尾；变量的初始值之间必须要用逗号隔开。

例：

```
int x=1,Y,Z;
```

3. 变量说明中不可以连续为不同变量赋初值。

例：

int a=b=c=1; 这个就是错误的写法，正确的如下：

```
int a=1,b=1,c=1;
```

4. 赋值表达式与语句的区别。

例：

```
if((x=y+5)&gt0) z=x;  // 合法语句
if((x=y+5;)&gt0) z=x; // 非法语句
```

7.1.2 表达式语句

表达式语句由表达式加上分号“;”组成。

例：

1. 赋值语句：

```
a=b+c;a=100
```

2. 加法语句：

```
y+z;
```

3. 引用变量 i，随后进行运算：

```
i++;
```

4. 变量 i 先运算，后面再引用：

```
++i;
```

7.1.3 空语句和复合语句

空语句由分号“;”组成，在程序当中的主要作用是进行作空循环，并没有什么特殊意义。

例：

```
int x=100;
++x;
;
printf("%d",x)
```

如果出现多个语句，需要运用符号“{}”囊括起来，组成一个复合语句。在复合语句当中必须要由分号结尾，在大括号外不能再用分号。

例：

```
{
x=y+z;
a=b+c;
printf{"%d%d\n",x,a};
```

```
}
```

7.1.4 控制语句

控制语句主要由特定的语句组成，使用的目的是控制各个结构环节的流程。

C 语言的九种控制语句，可分为以下三类：

1. 条件判断语句：if 语句、switch 语句。

2. 循环执行语句：do...while 语句、while 语句、for 语句。

3. 转向语句：break 语句、goto 语句、continue 语句、return 语句。

7.2 顺序结构

7.2.1 基本结构

顺序结构的基本结构就是根据语句的先后顺序依次执行。

例如计算：从 21 到 32 之间数值相加的结果。

根据顺序结构的算法为：21+22+23+24+25+26+27+28+29+30+31+32=318。

7.2.2 复合语句

复合语句是由大括号“{}”中多个语句形式共同构成。

例：

```
int main(void)
{
int a = 0;
int b = 0;
a = 5;
b = 4;
{
int a = 6;
printf("%d\n",a);
a++;
printf("%d\n",a);
++b;
}
printf("%d\n", a);
printf("%d\n",b);
return 0;
```

}[①]

7.3 选择结构

选择结构的语句有：if 条件语句、if-else 双分支语句和 switch 多路分支语句。本节将具体分析这几种语句。

7.3.1 基本结构

选择结构（分支结构）：根据条件判断来选择执行哪一条语句。

例如计算：从 1 到 10 之间数值相加的结果。

根据选择结构的算法：(1+10)*10/2=55。

7.3.2 单分支选择结构—if 语句

if 的条件表达式。

在执行过程中，如果表达式为真那么执行语句；如果为假那么不执行。

① 参考资料来自 CSDN 博客《c 语言顺序结构和选择结构》。网址：https://blog.csdn.net/qq_41992378/article/details/82731859

例：

输入 x 和 y 的值用来判断最大值：

```
int main(void)
{
int x = 0;
int y = 0;
int max = 0;
printf(" 请依次输入 x 和 y 的值 :");
scanf("%d%d",&x,&y);
max = x;
if(max < y)
 max = y;
printf("max:%d\n",max);
return 0;
}
```
[①]

7.3.3　双分支选择结构—if-else 语句

如果条件表达式的值为真那么执行语句 1，如果为假执行语句 2。

① 参考资料来自 CSDN 博客《c 语言顺序结构和选择结构》。网址：https://blog.csdn.net/qq_41992378/article/details/82731859

例：

输入 x 和 y 的值用来判断最大值：

```
int main(void)
{
int x = 0;
int y = 0;
int max = 0;
printf( );
scanf("%d%d",&x,&y);
if(x < y)
 max = y;
else
 max = x;
printf("max:%d\n",max);
return 0;
}
```
[1]

7.3.4 多分支选择结构——if–else 的嵌套形式

if 语句嵌套的意思是指既是执行语句，又是 if 语句。

---

① 参考资料来自 CSDN 博客《c 语言顺序结构和选择结构》。网址：https://blog.csdn.net/qq_41992378/article/details/82731859

例：

判断最后的最终值是否大于 1：

```
int main(void)
{
int x = 0;
int y = 0;
printf( );
scanf("%d%d",&x,&y);
if(x < y)
if(y > 1)
printf("max:%d\n",y);
else
if(x > 1)
printf("max:%d\n",x);
return 0;
}
```
[①]

7.3.5　多分支选择结构——switch 语句

多分枝结构的表达式如下：

① 参考资料来自 CSDN 博客《c 语言顺序结构和选择结构》。网址：https://blog.csdn.net/qq_41992378/article/details/82731859

```
switch( 表达式 )//1
{
case 常量表达式 1: 语句 1( );
case 常量表达式 2: 语句 2( );
...
case 常量表达式 n: 语句 n( );
default: 语句 n+1;
}
```

从上述表达式形式就可以看出，多分枝结构的执行过程是要计算表达式的值，与常量表达式进行比较，根据比较的结果确定执行的命令是什么。

例：

输入数字 1234567，代表一个星期：

```
int main(void)
{
int week = 0;
printf(" 星期几： ");
scanf("%d", &week);//1---'1'
switch (week)//week 是表达式
{
case 1:printf(" 星期一 \n"); break;
case 2:printf(" 星期二 \n"); break;
```

```
case 3:printf(" 星期三 \n"); break;
case 4:printf(" 星期四 \n"); break;
case 5:printf(" 星期五 \n"); break;
case 6:printf(" 星期六 \n"); break;
case 7:printf(" 星期日 \n"); break;
default:printf(" 输入数据有误 !\n");
}
return 0;
}
```

如果按照多分枝结构的表达式输入信息，那么我们在编写过程中有哪些事项需要注意呢?

1. 整型、字符型和枚举型的表达式可以出现在 switch 后面的括号中。

2. case 后各常量表达式的值不能相同。

3. 整个 switch 结构要用“{}”包括。

4.case 和 default 的语句顺序可以自由调换，不会影响结果。

例:

根据上述注意事项我们来修改一下该代码:

```
int main(void)
{
float week = 0;
printf(" 星期几: ");
```

```
scanf("%f", &week);
switch (week);//week 不能是浮点型,
// 不能有 ;, 缺少 {
case1:printf(" 星期一 \n"); break;//case 后面要空格
case 2:printf(" 星期二 \n"); break;
case 3:printf(" 星期三 \n"); break;
case 4:printf(" 星期四 \n"); break;
case 5:printf(" 星期五 \n"); break;
case 6:printf(" 星期六 \n"); break;
case 7:printf(" 星期日 \n"); break;
default:printf(" 输入数据有误 !\n");
// 缺少 }
return 0;
}
```
[①]

① 参考资料来自 CSDN 博客《c 语言顺序结构和选择结构》。网址：https://blog.csdn.net/qq_41992378/article/details/82731859

7.4 循环结构

7.4.1 当型循环语句—for 语句

for 循环语句是 Python 中的一个循环控制语句，任何有序的序列对象内的元素都可以遍历，比如字符串、列表 List、元组等可迭代对象。

for 循环的格式为：

for iterating_var in sequence:

statements(s)

如果一个序列包含一个表达式列表，首先计算第一个。然后，在序列中的第一项被分配给迭代变量 iterating_var，语句块将被执行。列表中的每个项目分配给 iterating_var，并且 statement 块被执行，直到整个序列完成。

这里需要注意的是：

1. for 循环之后不存在“;”符号。

2. for 的循环按照判断→执行的顺序进行。

3. 一定要注意循环条件。

例：

```
sum=0
for n in range(0,101):
    sum=sum+n
print(sum)
```

运行结果：

5050[①]

7.4.2 当型循环语句—while 语句

while 循环的格式如下：

while（条件）

{

循环体;

① 参考资料来自 CSDN 博客《C 语言——循环结构（for 循环，while 循环，do-while 循环）》。网址：https://blog.csdn.net/m0_46566665/article/details/109374425

```
}
```

补充：for（　）可以转换为

```
初始化;
while（条件）
{
循环体;
调整;
}
```

eg:

```
while（n>1）
{
n+=2;
count++;
}
```

在执行循环时要注意的是：

1. while 循环按照判断→执行的顺序进行。

2. 符号 {} 有时可以删掉。

例：

```
#include<stdio.h>
int main( )
{
int n;
```

```
int sum;
int i=1;
scanf("%d",&n);
while(i<=n)
{
sum+=i;
i++;
}
printf("%d\n",sum);
return 0;
}
```

输入 n=1

输出结果：11[①]

7.4.3 直到型循环语句—do-while 语句

do-while 循环的格式如下：

```
do
{
循环体;
```

① 参考资料来自 CSDN 博客《C 语言——循环结构（for 循环，while 循环，do-while 循环）》。网址：https://blog.csdn.net/m0_46566665/article/details/109374425

```
}
while（ ）
eg:
do
{
n+=2;
}
while（n>1）
```

循环体：n+=2;

条件：n>1;

值得注意的是，循环体的执行次数最少是一次，每次执行完循环后会检查，如果满足继续循环的条件，则继续循环。do-while 循环是先执行后判断。

例：

```
#include<stdio.h>
int main()
{
int n;
int sum;
int i=1;
scanf("%d",&n);
do
```

```
{
sum+=i;
i++;
}
while(i<=n);
printf("%d\n",sum);
return 0;
}
```

输入 n=1

输出结果：11[①]

7.4.4 循环的嵌套

1. 在C语言中，编写代码可以在一个进行的循环内使用另外一个循环。

例：

```
for ( init; condition; increment )
{
for ( init; condition; increment )
{
```

① 参考资料来自CSDN博客《C语言——循环结构（for循环，while循环，do-while循环）》。网址：https://blog.csdn.net/m0_46566665/article/details/109374425

```
statement(s);
}
statement(s);
}
```

2. C 语言中嵌套 while 循环语句的语法：

例：

```
while(condition)
{
while(condition)
{
statement(s);
}
statement(s);
}
```
[①]

① 参考资料来自菜鸟教程《C 嵌套循环》。网址：https://www.runoob.com/cprogramming/c-nested-loops.html

7.5 转向结构

7.5.1 goto 语句

goto 语句是无条件跳转语句，并且经常与 if 语句结合使用，当代码满足一定的条件时，编译器会自动跳转到下一个指定处继续执行。

定义语句标识的格式如下：

语句标识：语句；

其中，“语句标识”可以是任一个合法的标识符，并且标识符后面的冒号不可以省略。

goto 语句的调用语法格式为：

goto 语句标号；

通过下列实例我们可以看出语句标号的执行方式：

例：

```
#include<stdio.h>
```

```
int main (void)
{
int n;
pos_1:
printf( );
scanf("%d",&n);
if(n<0)
{
printf( );
goto pos_1;
}
printf( );
return 0;
}
```
[1]

7.5.2 break 语句

break 语句的作用是终止正在本层的循环，结束本层的循环后可以继续循环。

1. 单重复循环：break 的执行流程如下。如果是单循环的话，可以

[1] 参考资料来自 CSDN 博客《c primer plus 专题 7：分支和跳转》。网址：https://blog.csdn.net/dingyc_ee/article/details/104446291

利用 while 循环结构示意，do-while 循环、for 循环都可以使用该方法。下面我们分别讲解一下比较常用的 while 循环和 for 循环。

```
while ( 循环判断表达式 )
{
...
if( 条件表达式 )
break;
循环体中 break 后的语句:
}
循环体后的第 1 条语句 ;
循环体后的第 2 条语句 ;
...
```

2. 双重循环情况：使用双重 for 循环嵌套结构示意，其他类型的循环嵌套组合同样适用：

```
for (; 循环判断表达式 1;)
{
...
for(; 循环判断表达式 2;)
{
...
if( 条件表达式 )
```

break;

内层循环体中 break 后的语句;

}

内层循环结构后的第 1 条语句; 内层循环结构后的第 2 条语句;

...

}

7.5.3 continue 语句

Continue 循环的与 break 循环的差别在于，break 循环是终止整个循环；Continue 循环是结束本次循环，直接进入下一个循环中。

下面我们来看看 continue 语句的执行流程:

for(初始表达式；循环判断表达式；增量表达式)

{

...

if(条件表达式)

continue;

循环体中 continue 后的所有语句;

}

例:

```
#include<stdio.h>
int main (void)
```

```
{
int s=0,i;
for(i=1;i<=10;i++)
{
if(6==i)
continue;
s+=i;
}
printf("sum=%d\n",s);
return 0;
}
```
[1]

① 参考资料来自C语言中文网《goto，break 和 continue 语句，C 语言 goto，break 和 continue 跳转语句详解》。网址：http://c.biancheng.net/view/266.html

第八章

算法及流程图

8.1 基础算法

8.1.1 算法排序

学习 C 语言的过程中，掌握算法排序非常重要。下面我们分别看一下常用的三种排序方法：桶排序、冒泡排序、快速排序。

1. 桶排序法。

桶排序法的意思就是利用桶来存放出现过的数据，然后进行排序。

例：

```
private void bucketSort( )
```

```
{
int [ ]a = {1,2,4,5,6,7,8,12,24,34,57,2,6,56,100};
int [ ]aa = new int[100];
for (int i = 0; i < aa.length; i++)
{
aa[i] = 0;// 初始化桶
}
List<String> aaa = new ArrayList<>( );
for (int i = 0; i < a.length; i++)
{
// 这样就分别把这个数组中的数分到了对应的地方
// 根据分数，找到和分数相同的编号的桶，并且把小球放入桶内
aa[a[i]] = aa[a[i]]+ 1;
}
for (int i = 0; i < aa.length; i++)
{
if (aa[i] != 0)
{
for (int j = 0; j < aa[i]; j++)
{
aaa.add(i+"");
Log.i("hero","------"+i);
```

```
}
}
}
Log.i("hero","-- 最终的排序是 -----"+aaa.toString( ));
}
```

2. 冒泡排序。

冒泡排序就是按照大小顺序进行排列的一种排序方式。每次循环都要重新核对排列顺序是否正确。

简单来说，冒泡排序就是一次循环，将内容摆放在正确的位置上。

例：

```
private void bubbleSort( )
{
int [ ]a = {5,4,3,2,1};    10 9 8 7 6 5
for (int i = 0; i < a.length - 5; i++)
{
for (int j = 0; j < a.length - 5; j++)
{
if (a[j] > a[j+1])
{
int temp = a[j];
a[j] = a[j+1];
a[j+1] = temp;
```

```
}
}
Log.i("hero","--- 第 --"+i+"---"+ Arrays.toString(a));
}
Log.i("hero","-----"+Arrays.toString(a));
}
```

3. 快速排序。

快速排序的方法解决了桶排序较为复杂的地方。

例：

```
private void fastSort(int left,int right)
{
int temp;
int x;
int y;
int z;
if (left > right)
{
return;
}
temp = a[left]
x = left;
```

```
y = right;
while (i != j)
{

while (a[j] >= temp && i < y)
{
j--;
}
while (a[i] <= temp && x < y)
{
i++;
}
if (i < j)
{
t = a[i];
a[i] = a[j];
a[j] = t;
}
}
```

如果出现等号，就证明两者已经相遇：

```
a[left] = a[i];
a[i] = temp;
```

```
}
```
[1]

8.1.2 队列、栈、链表算法

1. 队列。

队列属于一种特殊的线性表，因为它只允许在表的前端进行删除操作，在表的后端进行插入操作。进行插入操作端称为队尾，进行删除端的叫做队头。

例：

```
#include <stdio.h>
int main( )
{
int a[11] = { 1,2,3 };
int head, tail;

head = 1;
tail = 3;
while ( head < tail )
{
printf ( "%d ", a[head] );
```

① 参考资料来自 CSCN 博客《算法（一）排序算法（桶排序、冒泡排序、快速排序）》。网址：https://blog.csdn.net/qqchenjian318/article/details/69603893

```
head++

a[tail] = a[head];
tail++;
head++;
}

return 0;
}
```

2. 栈。

栈是一种会受到运算限制的线性表，仅限在表尾部进行删除和操作。进行操作的表端被称为栈顶，另外一端被称为栈低。

例：

```
#include <stdio.h>
#include <string.h>
int main( )
{
char a[101], s[101];
int i, len, mid, next, top;

gets(a);
```

```
len = strlen(a);
mid = len/2-1;

top = 0;
for ( i=0; i<=mid; i++ )
s[++top] = a[i];

if ( len%2==0 )
next = mid+1;
else
next = mid+2;

for ( i=next; i<=len-1; i++ )
{
if ( a[i] !=s[top] )
break;
top--;
}

if ( top==0 )
printf ( "YES" );
else
```

```
printf ( "NO" );

return 0;
}
```

使用栈的时候需要注意的是，储存的信息会占用大量内存。因为每个函数调用都要占用内存，如果栈的覆盖面太大的话，会影响函数调用的信息。

3. 链表。

链表是一种非连续性的储存结构，实现方式是通过元素逻辑顺序在链表的指针链接中运行。

链表是由一系列的节点组成，每个结点分为两个部分：一是储存数据元素的域；另外一个是指向下一个结点的指针域。因为它是非连接性质的，所以比较灵活，也比较复杂。[①]

8.2 树算法

C 语言程序需要包含二叉树的基本运算算法。下面我们详细说明二叉树算法、堆算法、并查集的相关定义与操作实例。

---

① 参考资料来自 CSCN 博客《【C 语言学习笔记】算法篇——栈、队列、链表》。网址：https://blog.csdn.net/m0_49973750/article/details/108418796

8.2.1 二叉树算法

创造二叉树时要加上 new node。

例：

```
struct node
{
int id;
node* l;
node* r;
};
```

可以利用下标作为指针建树。

例：

```
struct node
{
int 2, r;
}
Node[MAXV];
```

树的建立有两种方式：第一种是要使用结构体；另外一种是直接使用 vector v[MAXN]; 进行建树。

例：

```
struct node
{
int id;
vector<int> sub;
};
vector<int> Node[MAXV];
```

关于树的遍历：

1. DFS。

```
void DFS(int root, int layer)
{
if(递归边界)
{
return;
}
for(int i = 0; i < 子树的数量; i++)
{
DFS(root, layer + 1);
}
}
```

2. BFS。

```
void BFS(int root)
{
queue<int> q;
q.push(root);
while(!q.empty( ))
{
node* now = q.front( );
}
}
```

3. 先序、中序和后序遍历。

```
void pre(int root)
{
if( 递归边界 )
{
return;
}
}
```

关于树的操作：

1. 二叉树，已知中序和前序或中序和后序，创建树。

```
node* create(int inL, int inR, int preL, int preR)
{
```

```
if(inL > inR) return NULL;
node* root = new node;
root->v = pre[preL];
int k = inL;
while(pre[preL] != in[k]) k++;
int num = k - inL;
root->l = create(inL, k - 1, preL + 1, preL + num);
root->r = create(k + 1, inR, preL + num + 1, preR);
return root;
}
```

2. BST 二叉查找树。

创建、查找、以及各种遍历；

创建时若值小于、等于左子树，即通过左侧树插入。

```
void insert(node* &root, int data)
{
if(root = NULL)
{
root = new node;
root->data = data;
root->l = root->r = NULL;
return;
}
```

```
//<=
if(data <= root->data) insert(root->l, data);
else insert(root->r, data);
}
```

3. 完全二叉树与查找树的结合。

我们可以利用层序遍历的方法来判断二叉树是否为完全二叉树。因为二叉查找树的中序遍历是根据大小顺序进行排列，可以利用完全二叉树的结点性质来建树。

4. AVL 树。

基本构成函数：

```
struct node
{
int data, height;
node* l;
node* r;
};
node* newNode(int v)
{
node* root = new node;
root->data = v;
root->height = 1;
```

```
root->l = root->r = NULL;
return root;
}
```

值得注意的是，当结点为 NULL 时，返回的高度不能忽略，一般为 0.

```
int getH(node* root)
{
if(root == NULL) return 0;
return root->height;
}
int getB(node* root)
{
return getH(root->l) - getH(root->r);
}
void updateH(node* root)
{
root->height = max(getH(root->l), getH(root->r)) + 1;
}
```
[①]

① 参考资料来自博客园《数据结构 – 关于各种树的详细编程总结（二叉树、BST 查找树、AVL 平衡树、完全二叉树、并查集、堆）》。网址：https://www.cnblogs.com/tsruixi/p/13263485.html

8.2.2 并查集

我们通过以下案例，来观察并查集的结构：

初始化：

```
const int MAXV = 10010;
int father[MAXV];
int course[MAXV] = {0};
int isRoot[MAXV] = {0};
void init( )
{
for(int i = 1; i <= n; i++)
{
father[i] = i;
}
}
```

查找：

```
int findFather(int x)
{
int a = x;
while(x != father[x])
```

```
{
x = father[x];
}
while(a != father[a])
{
int z = a;
a = father[a];
father[z] = x;
}
return x;
}
```

合并：

```
void Union(int a, int b)
{
int faA = findFather(a);
int faB = findFather(b);
if(faA != faB)
{
father[faA] = faB;
}
```

}[1]

8.2.3 堆

向下调整函数就是把前结点与其左右子树的值进行比较，检测如果不合规需要及时调整。

例：

```
void downAjust(int low, int high)
{
int i = low, j = 2 * i;
while(j <= high)
{
if(j + 1 <= high && heap[j] < heap[j + 1])
{
j = j + 1;
}
if(heap[i] < heap[j])
{
swap(heap[i], heap[j]);
i = j;
```

① 参考资料来自博客园《数据结构－关于各种树的详细编程总结（二叉树、BST 查找树、AVL 平衡树、完全二叉树、并查集、堆）》。网址：https://www.cnblogs.com/tsruixi/p/13263485.html

```
j = 2 * i;
}
Else
{
break;
}
}
}
```

删除堆顶元素，将堆序列中的最末元素覆盖堆顶元素，进行调整就可以了：

```
void delete( )
{
heap[1] = heap[n--];
downAjust(1, n);
}
```

向上调整函数，就是将当前序列中的最后一个结点与其父节点进行比较，若结果比它大，两者交换就可以了：

```
void upAjust(int low, int high)
{
int
```

```
char **** p2 = 10;
printf("p:%d,p1:%d,p2:%d\n", sizeof(p),sizeof(p1), sizeof(p2));
system("PAUSE");
return 1;
}
/*①
```

① 参考资料来自博客园《数据结构－关于各种树的详细编程总结（二叉树、BST查找树、AVL平衡树、完全二叉树、并查集、堆）》。网址：https://www.cnblogs.com/tsruixi/p/13263485.html

第九章

数据类型

9.1 构造类型

9.1.1 数组类型

C 语言中支持数组数据的机构，数组可以用来储存一系列的数据，这些数据可以是相同元素的顺序集合。数组的声明不是简单的一个变量而是一个数组的变量。

所有的数组元素都是由连续的内存储存位置组成的，靠前的地址所对应的叫做第一个元素；靠后的地址称为最后一个元素。

1. 声明数组。

如果想要声明一个数组，必须指定类型和数量：

```
type arrayName [ arraySize ];
```

上述代码为一维数组。方括号 [ ] 中的常量必须大于零，而前面的 type 可以改为有效的数组类型。

2. 初始化数组。

C 语言中数组的初始化可以逐个进行，也可以直接使用一个初始化语句。

例：

```
double balance[5] = {1, 2, 3, 4, 5};
```

方括号 [ ] 中的数字是规定的元素数量，大括号 { } 中的元素数量不能大于方括号 [ ] 里的数量值。

9.1.2 结构数据类型

结构数据类型是 C 语言编程中另外一种可以由用户自定义的数据类型。结构数据可以让用户储存不同类型的数据。

1. 定义结构。

定义结构必须使用的是 struct 语句。其格式如下：

```
struct tag
{
int i
```

```
int i
int i
...
}
variable-list ;
```

通过上述的格式，我们可以知道：

tag 是结构体标签，int i 是标准的变量定义，variable-list 是结构变量，定义在结构的末尾，最后一个分号之前。

下面我们看一下 Book 结构的方式：

```
struct Books
{
char  title[10];
char  author[20];
char  subject[30];
int   book_id;
}
book;
```

2. 结构初始化。

结构类型的初始化和其它类型变量一样，可以指定结构变量的初始值。

例：

```
#include <stdio.h>

struct Books
{
char  title[10];
char  author[20];
char  subject[30];
int   book_id;
}
book = {" 结构类型 ", "RUNOOB", " 编程语言 ",1001};

int main( )
{
printf("title : %s\nauthor: %s\nsubject: %s\nbook_id: %d\n", book.title,
book.author, book.subject, book.book_id);
}
```

执行输出结果为：

title : 结构类型

author: RUNOOB

subject: 编程语言

book_id: 1001

9.1.3 共用体类型

共用体类型可以在相同的位置储存不同的数据类型。我们可以定义一个可同时操作多个程序的共用体，但是值得注意的是，共用体只能由一个成员携带数据 。

定义共用体。

共用体必须使用 union 语句，操作方式类似于结构类型。

Union 语句的格式如下：

```
union [union tag]
{
float f;
float f;
...
float f;
}
[one or more union variables];
```

nion tag 是可选的，每个 float f 是标准的变量定义。

我们来看下面的 Data 共用体类型，有三个成员 a、b 和 str：

union Data

```
{
int a;
float b;
char  str[20];
}
data;
```

分析上述代码，Data 类型变量可以储存多个不同类型的数据，并且共用体占用的内存可以储存共用体中内存最大的元素。

9.1.4 枚举类型

枚举是最基本的数据类型，其作用主要是让繁多的数据类型变得简单易读。

枚举语法定义格式为：

enum 枚举名 { 元素 a, 枚举元素 b,……};

我们可以通过三种方式来定义枚举：

1. 先定义类型，再定义变量。

```
enum DAY
{
MON=1, TUE, WED, THU, FRI, SAT, SUN
};
enum DAY day;
```

2. 同时定义类型和变量。

```
enum DAY
{
MON=1, TUE, WED, THU, FRI, SAT, SUN
} day;
```

3. 省略名称，直接定义。

```
enum
{
MON=1, TUE, WED, THU, FRI, SAT, SUN
} day;
```

9.2 void 类型

void 的本意是没有类型的意思，所以在 C 语言中我们可以将 Void 类型理解为“无类型指针”。单独定义 void 变量是没有意义的，但是 void 能发挥对函数返回值的限定和函数参数值限定的作用。

如果两个指针的类型相同，我们就可以直接在这两个指针间赋值；如果两个指针是两种不同的数据类型，那么就必须经过运算后才能相互赋值。

例：

```
float*a1;
int*a2;
a1=a2;
```

如果直接编译 a1=a2 语句会编译出错，所以我们必须改为：a1=(float*)a2;

而如果定义 void*，任何类型的指针都能够对其赋值：

```
void*a1;
int*a2;
a1=a2;
```

但这并不是说 void* 能够在不需要强制类型转换的情况下赋值其它类型指针。

第十章

数组及字符数组

为了处理方便，数组的设计初衷就是把相同类型的变量组织起来进行统筹管理。在 C 语言中数组属于数据类型，并且可以分解为不同种类的数组元素，根据不同类型组成的数组又可以分为数值数组、字符数组、结构数组等。

本章主要介绍数值数组和字符数组。

10.1 数组分类

将数组储存到内存当中必须先进行分配。例如，需要放入两个元素类型，就要分配两个 int 类型空间：

```
int a[2];
```

这样，就在内存中分配了两个 int 类型的内存空间，共 2×2=4 个字节，并为它们起了一个名字，叫 a。

这样的一组数据组合被称为数组，其中包含的每个数据称为组元素，而其中包含的数据个数称为长度。

10.1.1 二维数组、多维数组基本定义

多维数组其实就是以元素为数组的数组。n 维数的元素是 n–1 维数组。

在声明时，每个维度用一对方括号来表示。

例：

```
char screen[10][20][30];
```

以上是一个三维数组，分析上述声明我们可以得到：数组 screen 包含 10 个元素，从 screen[0] 到 screen[9]。每个元素又是一个二维数组，它有 20 个元素，这 20 个元素均是一维数组，每个一维数组内都有 30 个字符。整体来说，上述 screen 数组有 32000（10×20×30）个 char 类型元素。

二维数组被称为矩阵，在应用方面更为普遍。

我们定义一个矩阵 mat 有二行和三列：

```
float mat[2][3];
```

每行都是由三个 float 元素所组成的数组。因此，该矩阵包含 2×3=6 个 float 元素。

10.1.2 初始化

多维数组的初始化可以利用初始化列表来进行。在初始时没有必要对每个维度都使用一对大括号来标记，我们可以使用多维元素指示符：

例：

int a3d[2][2][3] = { { { 1, 0, 0 }, { 2, 0, 0 } },
{ { 3, 0, 0 }, { 0, 0, 0 } } };

所有没有被初始化的元素 ，都会被初始化为默认的 0，所以下面的定义具有一样的效果：

int a3d[ ][2][3] = { { 1 }, { 2 }, { 3 } } ;

在某些时候我们可以忽略大括号来进行。

例：

Int a3d[2][2][3] = {{1, 0, 0, 2}, {0, 0, 3}};

int a3d[2][2][3] = { 1, 0, 0, 2, 0, 0, 3 };

我们也可以先定义数组再给数组赋值，或者在定义的同时赋值。

例：

int a[4] = {10, 20, 30, 40};

数组元素的值由大括号 { } 包围，各个值与值之间以逗号 , 分隔。

10.1.3 数组元素操作

数组的优点在于连续性，在查找数据方面反映速度很快；缺点在于并不经常添加和删除元素，在添加或者删除时，后面的元素会跟随元素移动。

1. 插入算法。

```
# include <stdio.h>
int main(void)
{
int a[10] = {1,2,3,4,5,6,7,8,9,10};
int b[11]; // 用来存放插入数字后的新数组，因为又插入了一个值，所以长度为 11
int Index; // 插入值的下标
int num; // 插入的值
int i; // 循环变量
printf(" 请输入插入值的下标：");
scanf("%d", &Index);
printf(" 请输入插入的数值：");
scanf("%d", &num);
for (i=0; i<11; ++i)
{
if (i < Index)
```

```
{
b[i] = a[i]; /* 循环变量 i 小于插入值位置 Index 时，每一个元素所放的位置不变 */
}
else if (i == Index)
{
b[i] = num; //i 等于 Index 时，将插入值赋给数组 b
}
else
{
b[i] = a[i-1]; /* 因为插入了一个新的元素，所以插入位置后的每一个元素所存放的位置都要向后移一位 */
}
}
for (i=0; i<11; ++i)
{
printf("%d\x8", b[i]);
}
printf("\n");
return 0;
}
```

输出结果是：

请输入插入值的下标：5

请输入插入的数值：6

1 2 3 4 5 6 6 7 8 9 10

2. 删除算法。

```
# include <stdio.h>
int main(void)
{
int a[10] = {1,2,3,4,5,6， 7,8,9,10};
int b[9];  /* 长度为 9*/
int Index;  // 要删除的值的下标
int i;  // 循环变量
printf(" 请输入要删除的值的下标： ");
scanf("%d", &Index);
for (i=0; i<10; ++i)
{
if (i < Index)
{
b[i] = a[i];
}
else
{
b[i] = a[i+1];  /* 删除值后面的元素都往前移一位，要删除的值直接
```

```
被覆盖 */
    }
    }
    for (i=0; i<9; ++i)
    {
    printf("%d\x8", b[i]);
    }
    printf("\n");
    return 0;
    }
```

输出结果是：

请输入要删除的值的下标：5

1 2 3 4 6 7 8 9 10[①]

10.1.4　作为参数传递

如果想通过参数将一个数组从主调函数传送到被调函数，只需要传递这两个参数信息就可以了。

当数组名做为实际参数时，对应的形式参数列表要做相应的定义，并且定义的类型必须和实际参数类型一致。

① 参考资料来自程序员生活网《数组元素的添加或删除，C语言数组添加和删除元素详解》。网址：http://www.ryxxff.com/63878.html

所以，当数组进行函数传递时，并不是逐个传递而是将唯一能够确定数组信息的元素传递过来。

例：

```
# include <stdio.h>
int AddArray(int array [ ], int n); // 函数声明
int main(void)
{
int a [ ]= {1, 2, 3, 4, 5, 6, 7, 8};
int size = sizeof(a) / sizeof(a[0]); /* 数组所占内存总大小除以该数组中一个元素所占内存的大小，从而得到数组元素的个数 */
printf("sum = %d\n", AddArray(a, size));
return 0;
}
int AddArray(int array [ ], int n) // 形式参数数组中不需要写长度
{
int i, sum = 0;
for (i=0; i<n; ++i)
{
sum += array[i];
}
return sum;
}
```

输出结果是：

sum = 36

10.1.5 杨辉三角

杨辉三角的重要性质是：三角形中每个数字都等同于它两肩数字之和。

下面给出了杨辉三角形的前 4 行：

1

1 1

1 2 1

1 3 3 1

其输入格式为：

输入包含一个数 x，输出杨辉三角形的前 x 行。即每一行从这一行的第一个数开始，依次输出，中间使用一个空格分隔。不要在前面输出多余的空格。

例：

我们将 x=4 输入到杨辉三角形中，会得到：

1

1 1

1 2 1

1 3 3 1

10.2 字符数组概述

字符数组是用来存放字符的数组。

例：

char a[1]; // 一维字符数组

char b[2][1]; // 二维字符数组

char c[20]={‘a’，‘b’，‘c’，‘d’，‘e’，‘f’，‘g’，‘h’，‘i’}; // 给部分数组元素赋值

char d[ ]={‘a’，‘b’，‘c’，‘d’，‘e’，‘f’，‘g’，‘h’，‘i’}; // 对全体元素赋值时可以省去长度

字符数组就是一系列字符的集合，组成的是字符串。在 C 语言中并没有 string 类型，通常用一个字符数组来存放一个字符串。

10.2.1 字符数组初始化

字符数组同样可以初始化，其中便于理解的方式为：逐个字符赋给数组中各元素。

例：

char str[10]={‘a’，‘b’，‘c’，‘d’，‘e’，‘f’，‘g’，‘h’，‘i’};

即把 10 个字符分别赋给 str[0] 到 str[9]10 个元素。

如果大括号 {} 中的数组长度大于 str［ ］数值，则会被当做错误处理；如果大括号 {} 中的数组长度小于 str［ ］数值，则会只处理前面的数值元素，其他元素都会按照空字符（‘\0’）处理。

因此，上述的初始化与下方初始化为等价关系：

char str[ ]={ ‘a’，‘b’，‘c’，‘d’，‘e’，‘f’，‘g’，‘h’，‘i’ \0'};

与该初始化则为不等价关系：

char str[ ]={ ‘a’，‘b’，‘c’，‘d’，‘e’，‘f’，‘g’，‘h’，‘i’ };

前者的长度为 11，后者的长度为 10。

10.2.2　字符数组引用

字符数组的元素可以由下标和列下标引用。

例：

char c［ ］[10]={"one","two","five"};

以下均是对二维字符数组元素的合法引用：

printf ("%c",c[1][2]); // 输出 1 行 2 列元素 'o' 字符。

scanf ("%c",&c[3][4]); // 输入一个字符到 3 行 4 列元素中。

c[5][6]='B'; // 把字符赋值给 5 行 6 列元素。

10.2.3 字符数组输入与输出

字符数组其实就是我们所说的 char 数组，维度为一维时当做字符串处理；维度为二维时可以当成字符串数组来处理。

字符数组的输入可以使用 scanf、getchar 或者 gets。

字符数组的输出可以使用 printf、putchar 或者 puts。

scanf 对字符串的输入有 %s 和 %c 两种格式。

%c 格式是用来输入单个字符的，其能够识别换行字符或者空格并其保存在字符数组中。

s 格式是用来输入一个字符串的，其作用是可以识别一个字符串的结束。

例：

```
#include <stdio.h>
int main( )
{
char str[1];
scanf("%s", str);
printf("%s", str);
return 0;
}
```

getchar 是用来输入单个字符的；putchar 是用来输出单个字符的，不同的是 getchar 可以识别空格和换行符并且将其保存。

例：

```
#include <stdio.h>
int main( )
{
char a1, a2;
a1 = getchar( );
a2 = getchar( );
putchar(a1);
putchar(a2);
return 0;
}
```

gets 用来输入字符串并且将它保存到一维数组当中的。它的用法和 scanf(%s, s) 相似，但是区别在于 gets 可以识别空格，puts 可以自动换行。

例：

```
#include <stdio.h>
int main( )
{
char str1[10];
```

```
char str2[1][5];
gets(str1);
for(int i = 0; i < 3; i ++)
{
gets(str2[i]);
}
puts(str1);
for(int i = 0; i < 3; i ++)
{
puts(str2[i]);
}
return 0;
}①
```

10.3 字符串与字符数组

在 C 语言中，我们可以将字符串当做字符数组来处理，所以实际应用中我们所关注的是字符串的长度，而不是字符数组的长度。

① 参考资料来自 CSDN 博客《C 语言字符数组的输入输出处理》。网址：https://blog.csdn.net/qq_38545868/article/details/84841429

因为有空字符‘\0’的存在，整个字符数组的实际长度要比我们直接观察字符数组结尾处的长度短很多。

例如，我们编辑字符数组 1 到 10，共计 10 个字符串，如果在第 5 个字符串时出现‘\0’，那么字符的长度应该是 5 而不是 10。

所以有了结束字符‘\0’后，字符数组的长度就显得没有那么必要了，我们可以通过检测结束标志‘\0’，来确定字符串的结束长度。

第十一章

C 语言实战 30 例

11.1 加油！打工人

```
#include <stdio.h>


int main( )
{
    printf("Fighting Workers！ \n");
    return 0;
}
```

输出结果：Fighting Workers！

11.2 大小排序

设定：a、b、c、x 为基本整数，其中 x 为中间变量，依次比较 a、b、c 三个数值大小。

```
#include <stdio.h>
int main( )
{
int a,b,c,x;
printf("Please input a,b,c:\n");
   scanf("%d,%d,%d",&a,&b,&c);
   if(a>b)      {
      x = a;
      a = b;
      b = x;
   }
   if(a>c)
   {
      x = a;
```

```
        a = c;
        c = x;
    }
    if(b>c)     {
        x = b;
        b = c;
        c = x;
    }
    printf("The order of the number is:\n");
printf("%d,%d,%d",a,b,c);
return 0;
}
```

输入：1,5,3

输出结果：1,3,5

11.3 希尔排序法

设定数值：88,25,4,48,9，利用函数 shsort( ) 进行排序。

```
#include <stdio.h>
```

```
int shsort(int s［ ］, int n)
{
    int i,j,d;
    d=n/2;
    while(d>=1)
    {
        for(i=d+1;i<=n;i++)
        {
            s[0]=s[i];
            j=i-d;
            while((j>0)&&(s[0]<s[j]))
            {
                s[j+d]=s[j];
                j=j-d;
            }
            s[j + d]=s[0];
        }
        d = d/2;
    }
return 0;
}
int main( )
```

```
{
    int a[6],i;
    printf(" 输入数值：\n");
    for(i=1;i<=5;i++)
    scanf("%d",&a[i]);
shsort(a, 5);
printf(" 排序后的顺序是：\n");
    for(i=1;i<=5;i++)
printf("%5d",a[i]);
printf("\n");
    return 0;
}
```

输入数值：88,25,4,48,9

输出结果：4,9,25,48,88

11.4 冒泡排序法

设定数值：88,25,4,48,9，利用 for 循环实现排序。

```
#include <stdio.h>
```

```
int main( )
{
    int i,j,t,a[6];
    printf(" 输入数值：\n");
    for(i=1;i<6;i++)
        scanf("%d",&a[i]);
    for(i=1;i<5;i++)
        for(j=1;j<6-i;j++)
            if(a[j]>a[j+1])
            {
                t=a[j];
                a[j]=a[j+1];
                a[j+1]=t;
            }
            printf(" 排序后的顺序是：\n");
            for(i=1;i<=5;i++)
                printf("%5d",a[i]);
        printf("\n");
    return 0;
}
```

输入数值：88,25,4,48,9

输出结果：4,9,25,48,88

11.5 选择排序法

设定数值：8,9,15,79,25,49,77,3,68,88，利用选择排序法进行排序。

```
#include <stdio.h>
int main( )
{
   int i,j,t,a[11];
   printf(" 输入数值：\n");
   for(i=1;i<11;i++)
      scanf("%d",&a[i]);
   for(i=1;i<=9;i++)
      for (j=i+1;j<=10;j++)
         if(a[i]>a[j])
         {
            t=a[i];
            a[i]=a[j];
            a[j]=t;
         }
```

```
    printf(" 排序后的顺序是：\n");
    for(i=1;i<=10;i++)
        printf("%5d", a[i]);
    printf("\n");
    return 0;
}
```

注意：上面代码用到了两次 for 循环，第一个循环是确定每个数值的位置；第二个循环是进行排序。排序过程中需要与变量 t 进行对比进行排序。

输入数值：8,9,15,79,25,49,77,3,68,88

输出结果：3,8,9,15,25,49,68,77,79,88

11.6 快速排序法

设定数值：8,9,15,79,25,49,77,3,68,88，利用快速排序法进行排序。

```
#include <stdio.h>
int qusort(int s［ ］,int start,int end)
{
    int i,j;
```

```
i=start;
j = end;
s[0]=s[start];
while(i<j)
{
    while(i<j&&s[0]<s[j])
    j--;
    if(i<j)
    {
        s[i]=s[j];
        i++;
    }
    while(i<j&&s[i]<=s[0])
        i++;
    if(i<j)
    {
        s[j]=s[i];
        j--;
    }
}
s[i]=s[0];
if (start<i)
```

```
        qusort(s,start,j-1);
    if (i<end)
        qusort(s,j+1,end);
    return 0;
}
int main( )
{
    int a[11], i;
    printf(" 输入数值：\n");
    for(i=1;i<=10;i++)
        scanf("%d",&a[i]);
    qusort(a,1,10);
    printf(" 排序后的顺序是：\n");
    for(i=1;i<=10;i++)
        printf("%5d",a[i]);
    printf("\n");
    return 0;
}
```

注意：代码运用到了两个函数：qusort( ) 和 main( )，关注两个函数的区别。

输入数值：8,9,15,79,25,49,77,3,68,88

输出结果：3,8,9,15,25,49,68,77,79,88

11.7 计算数值的阶乘，即 n！

阶乘就是从 1 开始连续相乘，一直到数值 n。例如 n=5，阶乘结果为 1*2*3*4*5=120。

换算成公式即为：1*2*3*（n–2）*（n–1）*n=n!

```
#include <stdio.h>
int main( )
{
   int i,n;
   double sum=1;
   scanf("%d",&n);
   for(i=1;i<=n;i++)
      sum=sum*i;
   printf("%d!=%lf",n,sum);
   printf("\n");
   return 0;
}
```

输入数值：4

输出结果：4！ =24

11.8 计算两个正整数的最大公约数

最大公约数即能被这两个正整数整除的最大数值。

例如：40 和 60 的最大公约数为 20。

```
#include<stdio.h>
int main( )
{
    int a, b, temp, i;
    printf("Input a & b:");
    scanf("%d%d", &a, &b);
    if(a<b)
    { /* 交换 a 和 b 的值 */
        temp=a;
        a=b;
        b=temp;
    }
```

```
    for(i=b; i>0; i--)
        if(a%i==0 && b%i==0)
        {/* 输出满足条件的自然数并结束循环 */
            printf("The GCD of %d and %d is: %d\b", a, b, i);
            break;
        }

    return 0;
}
```

输入数值：40, 60

输出结果：20

11.9 计算两个数值的最小公倍数

最大公倍数即可以同时整除两个数值的最小数值。

例如：4 和 6 的最小公倍数是 12。

```
#include<stdio.h>
int main( )
{
```

```
    int a, b, temp, i;
    printf("Input a & b:");
    scanf("%d%d", &a, &b);
    if(a<b)
    {
        temp = a;
        a = b;
        b = temp;
    }
    for(i=a; i>0; i++)
        if(i%a==0 && i%b==0)
        {/* 输出满足条件的自然数并结束循环 */
            printf("The LCW of %d and %d is: %d\b", a, b, i);
            break;
        }

    return 0;
}
```

输入数值：4,6

输出结果：12

11.10 杨辉三角

杨辉三角即两边数值都是 1，其他位置的数值都是上面两个腰线位置的数值之和。

我们以数值 n 为例，创建杨辉三角：

```
#include <stdio.h>
#define n
void main( )
{
   int i, j, k, n=0, a[N][N];
   while(n<=0||n>=13){ /* 行数不超过 13，为了显示规范 */
      printf("n 既输入行数：");
      scanf("%d",&n);
   }
   printf("%d 行杨辉三角如下：\n",n);
   for(i=1;i<=n;i++)
      a[i][1] = a[i][i] = 1;
   for(i=3;i<=n;i++)
```

```
        for(j=2;j<=i-1;j++)
            a[i][j]=a[i-1][j-1]+a[i-1][j];
    for(i=1;i<=n;i++){
        for(k=1;k<=n-i;k++)
            printf("   ");
        for(j=1;j<=i;j++)
            printf("%6d",a[i][j]);


        printf("\n");
    }
    printf("\n");
}
```

输入数值：n=5，即 5 行。

输出结果：

```
1
            1   1
          1   2   1
        1   3   3   1
      1   4   6   4   1
```

11.11 计算一串字符的长度

在 main 函数中输出一个字符，并且计算出该字符的长度。

```
#include <stdio.h>
#include <stdlib.h>
int main( )
{
    int len;
    char str[20];
    printf(" 输入字符串 :\n");
    scanf("%s",str);
    len=length(str);
    printf(" 字符串有 %d 个字符。",len);
}
int length(char *s)
{
    int i=0;
    while(*s!='\0')
```

```
    {
        i++;
        s++;
    }
    return i;
}
```

输入字符：Fighting！ Workers

输出结果：该字符串有 16 个字符

11.12 求 n 之内的素数

素数即质数。素数有无限个，而且是一个只可以被 1 和它本身整除的数值。

例如，2、3、5 等。

```
#include<stdio.h>
#include<math.h>
int main( )
{
    int i,j,k,n=0;
```

```
    for(i=2;i<=n;i++)
    {
        k=(int)sqrt(i);
        for(j=2;j<=k;j++)
            if(i%j==0) break;
        if(j>k)
        {
            printf("%d ",i);
            n++;
            if(n%5==0)
                printf("\n");
        }
    }
    return 0;
}
```

输入数值：n=50，即 50 以内的素数

输出结果：2,3,5,7,11,13,17,19,23,29,31,37,41,43,47

11.13 九九乘法表

九九乘法表我们很熟悉，下面我们用程序做一个乘法表的数值图。

```
#include<stdio.h>
int main( )
{
    int i,j,result;
    printf("\n");
    for (i=1;i<10;i++)
    {
        for(j=1;j<=i;j++)
        {
            result=i*j;
            printf("%d*%d=%-d",i,j,result);
        }
    printf("\n");
    }
}
```

输出结果：

1*1=1

2*1=2 2*2=4

3*1=3 3*2=6 3*3=9

4*1=4 4*2=8 4*3=12 4*4=16

5*1=5 5*2=10 5*3=15 5*4=20 5*5=25

6*1=6 6*2=12 6*3=18 6*4=24 6*5=30 6*6=36

7*1=7 7*2=14 7*3=21 7*4=28 7*5=35 7*6=42 7*7=49

8*1=8 8*2=16 8*3=24 8*4=32 8*5=40 8*6=48 8*7=56 8*8=64

9*1=9 9*2=18 9*3=27 9*4=36 9*5=45 9*6=54 9*7=63 9*8=72 9*9=81

11.14 水仙花数

水仙花数指的是一个三位数，每位数值的和等于该数值。

例如，$153=1^3+5^3+3^3$。

```
#include<stdio.h>

int main( )
```

```
{
    int i,x,y,z;
    for(i=100;i<1000;i++)
    {
        x=i%10;
        y=i/10%10;
        z=i/100%10;

        if(i==(x*x*x+y*y*y+z*z*z))
        printf("%d\n",i);

    }
    return 0;
}
```

输入数值：100–1000 内的水仙花数值

输出结果：153,370,371,407

11.15 统计分类

我们将某一个班级的成绩进行分类，成绩 60 分以下的为 B、成绩

61–89 分的为 A、90 分以上的为 A+。

```
#include<stdio.h>
int main( )
{
    int score;
    char grade;
    printf(" 分数：");
    scanf("%d",&score);
    grade=(score>=90)?'A+':((score>=60)?'A':'B');
    printf("%c\n",grade);
    return 0;
}
```

输入分数：95

输出结果：A+

11.16　完数的计算

完数即所有因子之和等于其本身值。

例如，28=1+2+4+7+14，28 所有的因子为 1,2,4,7,14。而这五个因

子之和恰好也是 28。

```
#include<stdio.h>
#define N（输入数值）
int main( )
{
    int i,j,k,n,sum;
    int a[256];
    for(i=2;i<=N;i++)
    {
        sum=a[0]=1;
        k=0;
        for(j=2;j<=(i/2);j++)
        {
            if(i%j==0)
            {
                sum+=j;
                a[++k]=j;
            }

        }
        if(i==sum)
```

```
        {
          printf("%d=%d",i,a[0]);
          for(n=1;n<=k;n++)
            printf("+%d",a[n]);
          printf("\n");
        }

    }
    return 0;
}
```

输入数值：100，即 100 以内的所有完数。

输出结果：6,28

11.17 将一串字符进行倒序

将一串字符看成一个数组，将第一个数字与最后一个数字交换，依次对前一个数字进行替换。

```
#include<stdio.h>
#define N 6
```

```
int main( )
{
   int a[N]={0,1,2,3,4,5};
   int i,t;
   printf(" 原数组数值 :\n");
   for(i=0;i<N;i++)
      printf("%d ",a[i]);
   for(i=0;i<N/2;i++)
   {
      t=a[i];
      a[i]=a[N-1-i];
      a[N-1-i]=t;
   }
   printf("\n 排序后的数组 :\n");
   for(i=0;i<N;i++)
      printf("%d ",a[i]);
   printf("\n");
   return 0;
}
```

输入数值：0,1,2,3,4,5

输出结果：5,4,3,2,1,0

11.18 斐波那契数列应用

斐波那契数列是指一串数字，从第三项开始每一项都是前两项数字之和。

例如：0,1,1,2,3,5,8,13,21,34,55,89..........

```
#include <stdio.h>

int main( )
{
    int i, n, t1 = 0, t2 = 1, nextTerm;

    printf(" 输出项目数 : ");
    scanf("%d", &n);

    printf(" 斐波那契数列应用 : ");

    for (i = 1; i <= n; ++i)
    {
```

```
        printf("%d, ", t1);
        nextTerm = t1 + t2;
        t1 = t2;
        t2 = nextTerm;
    }
    return 0;
}
```

输入数值：5

输出结果：0,1,1,2,3

11.19 颠倒字符串顺序

例如，我们将 runningman 利用递归翻转计算。

```
#include <stdio.h>
void reverseSentence( );

int main( )
{
```

```
    printf(" 字符串输入 ");
    reverseSentence( );

    return 0;
}

void reverseSentence( )
{
    char c;
    scanf("%c", &c);

    if( c != '\n')
    {
        reverseSentence( );
        printf("%c",c);
    }
}
```

输入字符串：runner

输出结果：rennur

11.20 数组内元素求和

```
#include <stdio.h>

int main( ) {
  int array[10] = {" 数组元素 "};
  int sum, loop;

  sum = 0;

  for(loop = 9; loop >= 0; loop--) {
    sum = sum + array[loop];
  }

  printf(" 元素和为：%d", sum);

  return 0;
}
```

输入数组：1, 2, 3, 4, 5

输出结果：15

11.21 查找特定字符在字符串中出现的次数

```
#include <stdio.h>

int main( )
{
  char str[1000], ch;
  int i, frequency = 0;

  printf(" 字符串 : ");
  fgets(str, (sizeof str / sizeof str[0]), stdin);

  printf(" 特定字符 : ");
  scanf("%c",&ch);

  for(i = 0; str[i] != '\0'; ++i)
  {
```

```
      if(ch == str[i])
         ++frequency;
   }

   printf(" 字符 %c 在字符串中出现的次数为 %d", ch, frequency);

   return 0;
}
```

输入字符串：runner

需要查找的特定字符：n

出现次数：2

11.22 拷贝数组

```
#include <stdio.h>

int main( ) {
   int original[10] = {" 输入元素数组 "};
   int copied[10];
   int loop;
```

```
  for(loop = 0; loop < 10; loop++) {
    copied[loop] = original[loop];
  }
  printf(" 元素数组 -> 拷贝后的数组 \n");

  for(loop = 0; loop < 10; loop++) {
    printf("   %2d        %2d\n", original[loop], copied[loop]);
  }



  return 0;
}
```

输入元素数组：1, 2, 3, 4, 5

输出拷贝结果：1 -> 1

2 -> 2

3 -> 3

4 -> 4

5 -> 5

11.23 分别计算字符串中英文、空格、数字和其他符号的个数

```
#include<stdio.h>
int main( )
{
    char c;
    int letters=0,spaces=0,digits=0,others=0;
    printf(" 输入字符：\n");
    while((c=getchar( ))!='\n')
    {
        if((c>='a'&&c<='z')||(c>='A'&&c<='Z'))
            letters++;
        else if(c>='0'&&c<='9')
            digits++;
        else if(c==' ')
            spaces++;
        else
            others++;
```

```
    }
    printf(" 字母 =%d, 数字 =%d, 空格 =%d, 其他 =%d\n",letters,digits,
spaces,others);
    return 0;
}
```

输入字符：Runner ,666

输出结果：字母 =6，数字 =3，空格 =1，其他 =1

11.24 计算两个数的乘积

输入两个浮点数并计算这两个数字的乘积。

```
#include <stdio.h>
#include <stdlib.h>
int main( )
{
    double firstNumber, secondNumber, product;
    printf(" 两个浮点数 : ");
    scanf("%lf %lf", &firstNumber, &secondNumber);
```

```
    product = firstNumber * secondNumber;
printf("%lf * %lf = %.2lf\n", firstNumber, secondNumber,product);
system("pause");
    return 0;
}
```

其中 %.2lf 为保留乘积的两位小数：

输入浮点数：2.2 3.8

输出结果：8.36

11.25 字符转 ASCII 码

利用 ASCII 码对照的字符进行转换：

```
#include <stdio.h>
#include <stdlib.h>
int main( )
{
    char c;
    printf(" 输入字符 : ");
    scanf("%c", &c);
```

```
    printf("%c 的 ASCII 为 %d\n", c, c);
    system("pause");
    return 0;
}
```

输入字符：M

输出 ASCII 码：77

11.26 从 3 个数字中寻找最大的数

利用相互对比的方式寻找 n 个数字中最大的数字：

```
#include <stdio.h>
#include <stdlib.h>
int main( )
{
    double n1, n2, n3;
    printf(" 输入 3 个数字 : ");
    scanf("%lf %lf %lf", &n1, &n2, &n3);
    if( n1>=n2 && n1>=n3 )
        printf("%.2f 是最大数 \n", n1);
```

```
    if( n2>=n1 && n2>=n3 )
        printf("%.2f 是最大数 \n", n2);
    if( n3>=n1 && n3>=n2 )
        printf("%.2f 是最大数 \n", n3);
    system("pause");
    return 0;
}
```

因为我们是对比三个数字，所以分别利用 n1、n2、n3 进行相互比对得出最大值，%.2f 为保留两位小数

输入数字：123 132 213

输出结果：最大数值为 213.00

11.27 判断，判断是否是字母

判断字符串是否是字母，我们可以利用案例延伸出我们需要判定的条件：

```
#include <stdio.h>
#include <stdlib.h>
int main( )
```

```
{
    char c;
    printf(" 输入字符 : ");
    scanf("%c",&c);
     if( (c>='a' && c<='z') || (c>='A' && c<='Z'))   //a~z 的 ASCII 区间是
97~122，A~Z 的 ASCII 区间是 65~90//
        printf(" 是字母 \n");
    else
        printf(" 不是字母 \n");
    system("pause");
    return 0;
}
```

代码中 (c>='a' && c<='z') || (c>='A' && c<='Z') 代表确定 ASCII 区间，ASCII 区间中可以对应字母和数字的值与范围。

输入字符：＋＋

输出结果：不是字母

11.28 判断一个字符有多少位数

```
#include <stdio.h>
#include <stdlib.h>
int main( )
{
    long long n;
    int count = 0;
    printf(" 输入整数 : ");
scanf("%lld", &n);
while(n != 0)
    {
        n /= 10;
        ++count;
    }
    printf(" 数字是 %d 位数 \n", count);
    system("pause");
}
```

代码中 lld 是 long long 整型的意思：

输入整数：12345

输出结果：5

11.29 输出一个整数的所有因数

因数是可以用乘积组成这个整数的所有元素：

例如：256

因数有：1 ,2 ,4 ,8 ,16 ,32 ,64 ,128 ,256

```
#include <stdio.h>
#include <stdlib.h>
int main( )
{
    int number, i;
    printf(" 输入整数 : ");
    scanf("%d",&number);
    printf("%d 的因数有 : ", number);
    for(i=1; i <= number; ++i)
    {
```

```
        if (number%i == 0)
        {
            printf("%d ",i);
        }
    }
    printf("\n");
    system("pause");
    return 0;
}
```

输入整数：256

输出结果：1 ,2 ,4 ,8 ,16 ,32 ,64 ,128 ,256

11.30 连接字符串

我们可以用两个字符串进行连接为例：

```
#include <stdio.h>
#include <stdlib.h>
int main( )
```

```
{
    char s1[100], s2[100], i, j;
    printf(" 第一个字符串 : ");
    scanf("%s", s1);
    printf(" 第二个字符串 : ");
    scanf("%s", s2);
    for(i = 0; s1[i] != '\0'; ++i);
    for(j = 0; s2[j] != '\0'; ++j, ++i)
    {
        s1[i] = s2[j];
    }
    s1[i] = '\0';
    printf(" 连接后 : %s\n", s1);
    system("pause");
    return 0;
}
```

输入第一个字符串：fighting

输入第二个字符串：workers

输出结果：fightingworkers

附录 1

ASCII 编码一览表

二进制	十进制	十六进制	字符 / 缩写	解释
00000000	0	00	NUL (NULL)	空字符
00000001	1	01	SOH (Start Of Headling)	标题开始
00000010	2	02	STX (Start Of Text)	正文开始
00000011	3	03	ETX (End Of Text)	正文结束
00000100	4	04	EOT (End Of Transmission)	传输结束
00000101	5	05	ENQ (Enquiry)	请求
00000110	6	06	ACK (Acknowledge)	回应 / 响应 / 收到通知
00000111	7	07	BEL (Bell)	响铃
00001000	8	08	BS (Backspace)	退格
00001001	9	09	HT (Horizontal Tab)	水平制表符
00001010	10	0A	LF/NL(Line Feed/New Line)	换行键
00001011	11	0B	VT (Vertical Tab)	垂直制表符

续表

二进制	十进制	十六进制	字符 / 缩写	解释
00001100	12	0C	FF/NP (Form Feed/New Page)	换页键
00001101	13	0D	CR (Carriage Return)	回车键
00001110	14	0E	SO (Shift Out)	不用切换
00001111	15	0F	SI (Shift In)	启用切换
00010000	16	10	DLE (Data Link Escape)	数据链路转义
00010001	17	11	DC1/XON (Device Control 1/ Transmission On)	设备控制 1/ 传输开始
00010010	18	12	DC2 (Device Control 2)	设备控制 2
00010011	19	13	DC3/XOFF (Device Control 3/ Transmission Off)	设备控制 3/ 传输中断
00010100	20	14	DC4 (Device Control 4)	设备控制 4
00010101	21	15	NAK (Negative Acknowledge)	无响应 / 非正常响应 / 拒绝接收
00010110	22	16	SYN (Synchronous Idle)	同步空闲
00010111	23	17	ETB (End of Transmission Block)	传输块结束 / 块传输终止
00011000	24	18	CAN (Cancel)	取消
00011001	25	19	EM (End of Medium)	已到介质末端 / 介质存储已满 / 介质中断
00011010	26	1A	SUB (Substitute)	替补 / 替换
00011011	27	1B	ESC (Escape)	逃离 / 取消
00011100	28	1C	FS (File Separator)	文件分割符
00011101	29	1D	GS (Group Separator)	组分隔符 / 分组符

续表

二进制	十进制	十六进制	字符 / 缩写	解释
00011110	30	1E	RS (Record Separator)	记录分离符
00011111	31	1F	US (Unit Separator)	单元分隔符
00100000	32	20	(Space)	空格
00100001	33	21	!	
00100010	34	22	"	
00100011	35	23	#	
00100100	36	24	$	
00100101	37	25	%	
00100110	38	26	&	
00100111	39	27	'	
00101000	40	28	(	
00101001	41	29	)	
00101010	42	2A	*	
00101011	43	2B	+	
00101100	44	2C	,	
00101101	45	2D	-	
00101110	46	2E	.	
00101111	47	2F	/	
00110000	48	30	0	
00110001	49	31	1	
00110010	50	32	2	

续表

二进制	十进制	十六进制	字符 / 缩写	解释
00110011	51	33	3	
00110100	52	34	4	
00110101	53	35	5	
00110110	54	36	6	
00110111	55	37	7	
00111000	56	38	8	
00111001	57	39	9	
00111010	58	3A	:	
00111011	59	3B	;	
00111100	60	3C	<	
00111101	61	3D	=	
00111110	62	3E	>	
00111111	63	3F	?	
01000000	64	40	@	
01000001	65	41	A	
01000010	66	42	B	
01000011	67	43	C	
01000100	68	44	D	
01000101	69	45	E	
01000110	70	46	F	
01000111	71	47	G	

续表

二进制	十进制	十六进制	字符 / 缩写	解释
01001000	72	48	H	
01001001	73	49	I	
01001010	74	4A	J	
01001011	75	4B	K	
01001100	76	4C	L	
01001101	77	4D	M	
01001110	78	4E	N	
01001111	79	4F	O	
01010000	80	50	P	
01010001	81	51	Q	
01010010	82	52	R	
01010011	83	53	S	
01010100	84	54	T	
01010101	85	55	U	
01010110	86	56	V	
01010111	87	57	W	
01011000	88	58	X	
01011001	89	59	Y	
01011010	90	5A	Z	
01011011	91	5B	[	
01011100	92	5C	\	

续表

二进制	十进制	十六进制	字符 / 缩写	解释
01011101	93	5D	]	
01011110	94	5E	^	
01011111	95	5F	_	
01100000	96	60	`	
01100001	97	61	a	
01100010	98	62	b	
01100011	99	63	c	
01100100	100	64	d	
01100101	101	65	e	
01100110	102	66	f	
01100111	103	67	g	
01101000	104	68	h	
01101001	105	69	i	
01101010	106	6A	j	
01101011	107	6B	k	
01101100	108	6C	l	
01101101	109	6D	m	
01101110	110	6E	n	
01101111	111	6F	o	
01110000	112	70	p	
01110001	113	71	q	

续表

二进制	十进制	十六进制	字符 / 缩写	解释
01110010	114	72	r	
01110011	115	73	s	
01110100	116	74	t	
01110101	117	75	u	
01110110	118	76	v	
01110111	119	77	w	
01111000	120	78	x	
01111001	121	79	y	
01111010	122	7A	z	
01111011	123	7B	{	
01111100	124	7C	|	
01111101	125	7D	}	
01111110	126	7E	~	
01111111	127	7F	DEL (Delete)	删除

附录 2

C 语言标准库及其案例

1. strcpy( ) 函数

用于对字符串进行复制（拷贝）

头文件：string.h

语法 / 原型：

```
char* strcpy(char* strDestination, const char* strSource);
```

参数说明：

strDestination：目的字符串。

strSource：源字符串。

strcpy( ) 会把 strSource 指向的字符串复制到 strDestination。

---

* 文献参照：C 语言中文网 http://c.biancheng.net/

必须保证 strDestination 足够大，能够容纳下 strSource，否则会导致溢出错误。

返回值：目的字符串，也即 strDestination。

【实例】使用 C 语言 strcpy( ) 函数将字符串 src 复制到 dest。

```
#include <stdio.h>
#include <string.h>
int main( ){
    char dest[50] = { 0 };
    char src[50] = { "Fight Workers" };
    strcpy(dest, src);
    puts(dest);
    return 0;
}
```

运行结果：

Fight Workers

2. strlen 函数

用来求字符串的长度

strlen( ) 函数从字符串的开头位置依次向后计数，直到遇见 \0，然后返回计时器的值。最终统计的字符串长度不包括 \0。

头文件：string.h

语法 / 原型：

```
size_t strlen(const char* str);
```

参数 str 表示要求长度的字符串。

返回值：字符串 str 的长度。

【实例】使用 C 语言 strlen( ) 函数求用户输入的字符串的长度。

```
#include <stdio.h>
#include <string.h>
int main( ){
    char str[100] = { 0 };
    size_t len;
    gets(str);
    len = strlen(str);
    printf("Length: %d\n", len);
    return 0;
}
```

运行结果：

Java C++ Linux Python Shell: Fight Workers

Length: 12

3. size_t strcspn(const char* str, const char* reject) 函数

用来返回从字符串 str 开头算起，连续有几个字符都不在 reject 中；也就是说，str 中连续有几个字符和 reject 没有交集。

头文件：string.h

语法 / 原型：

size_t strcspn(const char* str, const char* reject);

参数说明：

str：要检索的字符串。

reject：该字符串包含了要在 str 中进行匹配的字符列表。

返回值：返回从字符串 str 开头算起，连续不在 reject 中的字符的个数；也可以理解为，str 中第一次出现 reject 中字符的位置。

【实例】演示 C 语言 strcspn( ) 函数的用法。

```
#include <stdio.h>
#include <string.h>
int main( ){
```

```
    char str[50] = { "Fight Workers" };
    char keys[50] = { "?.,:\"\'-!" };
    int i = strcspn(str, keys);
    printf("The firsr punctuation in str is at position %d.\n", i);
    return 0;
}
```

运行结果：

The firsr punctuation in str is at position 2.

4. strcmp( ) 函数

用于对两个字符串进行比较（区分大小写）。

头文件：string.h

语法 / 原型：

int strcmp(const char* stri1， const char* str2);

参数 str1 和 str2 是参与比较的两个字符串。

strcmp( ) 会根据 ASCII 编码依次比较 str1 和 str2 的每一个字符，直到出现不到的字符，或者到达字符串末尾（遇见 \0）。

返回值：

如果返回值 < 0，则表示 str1 小于 str2。

如果返回值 > 0，则表示 str2 小于 str1。

如果返回值 = 0，则表示 str1 等于 str2。

【实例】使用 C 语言 strcmp() 函数比较用户输入的两个字符串。

```
#include <stdio.h>
#include <string.h>
int main( ){
    char str1[50] = { 0 };
    char str2[50] = { 0 };
    int i = 1;
    do {
        printf(" 第 %d 次输入 \n", i);
        gets(str1);
        gets(str2);
        i++;
    } while ( strcmp(str1, str2) );
    return 0;
}
```

5. strchr( ) 函数

用于查找给定字符串中某一个特定字符。

头文件：string.h

语法 / 原型：

char* strchr(const char* str, int c);

参数说明：

str：被查找的字符串。

c：要查找的字符。

strchr( ) 函数会依次检索字符串 str 中的每一个字符，直到遇见字符 c，或者到达字符串末尾（遇见 \0）。

返回值：返回在字符串 str 中第一次出现字符 c 的位置，如果未找到该字符 c 则返回 NULL。

【实例】使用 C 语言 strchr( ) 函数在 C 语言中文网的网址中查找 g 字符。

```
#include <stdio.h>
#include <string.h>
int main( ){
```

```
    const char *str = "Fight Workers";
    int c = 'r';
    char *p = strchr(str, c);
    if (p) {
        puts("Y");
    } else {
        puts("N");
    }
    return 0;
}
```

运行结果：

Y

6. strcat( ) 函数

用来将两个字符串连接（拼接）起来。

头文件：string.h

语法 / 原型：

```
char*strcat(char* strDestination, const char* strSource);
```

参数说明：

strDestination：目的字符串；

strSource：源字符串。

strcat( ) 函数把 strSource 所指向的字符串追加到 strDestination 所指向的字符串的结尾，所以必须要保证 strDestination 有足够的内存空间来容纳两个字符串，否则会导致溢出错误。

注意：strDestination 末尾的 \0 会被覆盖，strSource 末尾的 \0 会一起被复制过去，最终的字符串只有一个 \0。

返回值：指向 strDestination 的指针。

【实例】使用C语言 strcat( ) 函数将用户输入的两个字符串拼接在一起。

```
#include <stdio.h>
#include <string.h>
int main( ){
    char str1[101] = { 0 };
    char str2[50] = { 0 };
    gets(str1);
    gets(str2);
    strcat(str1, str2);
    puts(str1);
    return 0;
}
```

运行结果：

```
Fight
Workers
Fight Workers
```

7. isupper( ) 函数

用来判断一个字符是否是大写字母。

头文件：ctype.h

语法 / 原型：

```
int isupper(int c);
```

参数 c 表示要检测的字符。

返回值：返回值为非 0（真）表示 c 是大写字母，返回值为 0（假）表示 c 不是大写字母。

【实例】使用 C 语言 isupper( ) 函数判断字符串中的字符是否是大写字母，如果是，那么转换为小写字母。

```
#include <stdio.h>
#include <ctype.h>
```

```
int main ()
{
    int i = 0;
    char str[] = "Fight Workers";
    char c;
    while(str[i])
    {
        c = str[i];
        if(isupper(c)) c = tolower(c);
        putchar(c);
        i++;
    }
    return 0;
}
```

运行结果：

fight workers

8. isspace( ) 函数

用来检测一个字符是否是空白符。在默认情况下，空白符包括：

字符	ASCII 码（十六进制）	说明（缩写）
' '	0x20	空格 (SPC)
'\t'	0x09	水平制表符 (TAB)
'\n'	0x0a	换行符 (LF)
'\v'	0x0b	垂直制表符 (VT)
'\f'	0x0c	换页 (FF)
'\r'	0x0d	回车 (CR)

头文件：ctype.h

语法 / 原型：

```
int isspace(int c);
```

参数 c 表示要检测的字符。

返回值：返回值为非 0（真）表示 c 是空白符，返回值为 0（假）表示 c 不是空白符。

【实例】使用 C 语言 isspace( ) 函数检测字符串中是否存在空白字符，如果存在，请替换为换行符。

```
#include <stdio.h>
#include <ctype.h>
int main( )
```

```
{
    char c;
    int i = 0;
    char str[] = "Fight\Workers";
    while (str[i])
    {
        c = str[i];
        if (isspace(c)) c = '\n';
        putchar(c);
        i++;
    }
    return 0;
}
```

运行结果：

```
Fight
Workers
```

9. isprint( ) 函数

用来检测一个字符是否是可打印字符（Printable Character）。

默认情况下，C 语言使用的是 ASCII 编码，可打印字符的范围是

0x20(' ') ~ 0x7e('~')，也就是除了最后一个字符 0x7f (DEL) 以外，0x20 以后的所有字符都是可打印字符。

语法 / 原型：

int isprint(int c);

参数 c 是要检测的字符。

返回值：返回值为非 0（真）表示 c 是可打印字符，返回值为 0（假）表示 c 不是可打印字符。

【实例】输出一个字符串中的所有可打印字符。

```
#include <stdio.h>
#include <ctype.h>
int main ( )
{
   int i=0;
   char str[]="Fight\n Workers \a ";
   while(str[i])
   {
      if(isprint(str[i])) putchar (str[i]);
      i++;
   }
   return 0;
```

```
}
```

运行结果：

Fight Workers

10. islower( ) 函数

用来判断一个字符是否是小写字母。

头文件：ctype.h

语法 / 原型：

int islower(int c);

参数 c 表示要检测的字符或者 ASCII 码。

返回值：返回值为非 0（真）表示 c 是小写字母，返回值为 0（假）表示 c 不是小写字母。

【实例】使用 C 语言 islower( ) 函数判断一个字符串中的字符是否是小写字母，如果是，那么转换为大写字母。

```
#include <stdio.h>
#include <ctype.h>
int main ( )
```

```
{
    int i=0;
    char str[] = "fight workers";
    char c;
    while(str[i])
    {
        c = str[i];
        if (islower(c)) c = toupper(c);
        putchar(c);
        i++;
    }
    return 0;
}
```

运行结果：

FIGHT WORKERS

11. ldexp( ) 函数

用来计算 x 乘以 2 的 exponent 次方（次幂）的值，也即返回 x * 2^exponent 的值。

头文件：math.h

语法 / 原型：

double ldexp(double x, int exponent);

参数说明：

x：双精度浮点数；

exponent：2 的指数。

返回值：x* 2^exponent 的计算结果。

【实例】使用 C 语言 ldexp( ) 函数计算 f * 2^n 的结果。

```
#include <stdio.h>
#include <math.h>
int main( )
{
    double f=0.964453, n=7;  // 为变量赋初值
    double x = ldexp(f, n);  // 求 f * 2^n 的结果
    printf("result=%lf\n", x);
    return 0;
}
```

运行结果：

result=123.449984

12. labs( ) 函数

用于求长整型（long 类型）参数的绝对值。

头文件：math.h 或 stdlib.h

语法 / 原型：

long labs(long n);

参数 n 是要计算的长整型数。

返回值：参数 n 的绝对值。

【实例】使用 C 语言 labs( ) 函数求长整型数的绝对值。

```
#include <stdio.h>
#include <math.h>
int main( )
{
    long m=5, n=-7; // 为变量赋初值
    long a = labs(m); // 求 m 的绝对值
    long b = labs(n); // 求 n 的绝对值
    printf("%ld\n%ld\n", a, b);
    return 0;
}
```

运行结果：

5

7

13. isgraph( ) 函数

用来检测一个字符是否是图形字符。

在可打印字符（isprint( ) 返回“真”的字符）中，绝大部分字符既会占用一个字符位置，又会在屏幕上显示出来，这些字符就是图形字符。但是有个别的字符只占用位置却不显示，在 ASCII 编码中，这样的字符只有一个，就是空格（' '）。

对于计算机来说，我们在显示器上看到的所有元素（包括图片、文字、背景、动画等）其实都是图形，计算机都需要把它们绘制出来，只不过文字和图片在操作上有很大的不同，我们在使用时一般不会将文字作为图形对待。

我们说一个字符是图形字符，就是说这个字符需要在显示器上绘制出来，而空格、换行、Tab 缩进等字符只会占用输出的位置，不需要绘制。

语法 / 原型：

```
int isgraph(int c);
```

参数 c 表示要检测的字符。

返回值：返回值为非0（真）表示c是图形字符，返回值为0（假）表示c不是图形字符。

【实例】输出一个文本文件中所有的图形字符。

```
#include <stdio.h>
#include <ctype.h>
int main ( )
{
    FILE * pFile;
    int c;
    pFile=fopen ("log.txt","r");
    if (pFile)
    {
        do {
            c = fgetc (pFile);
            if (isgraph(c)) putchar (c);
        } while (c != EOF);
        fclose (pFile);
    }
}
```

14. isdigit( ) 函数

用来判断一个字符是否是数字，也即 0~9。

头文件：ctype.h

语法 / 原型：

int isdigit(int c);

参数 c 表示要检测的字符或者 ASCII 码。

返回值：返回值为非 0（真）表示 c 是数字，返回值为 0（假）表示 c 不是数字。

【实例】使用 C 语言 isdigit( ) 函数判断用户输入的字符串中有多少个数字。

```
#include <stdio.h>
#include <string.h>
#include <ctype.h>
int main( )
{
   char str[50] = { 0 };
   int i, len, n=0;
```

```
    gets(str);
    for (i = 0, len = strlen(str); i < len; i++) {
        if (isdigit(str[i])) {
            n++;
        }
    }
    printf("There are %d numbers in str\n", n);
    return 0;
}
```

运行结果：

```
we232sdji&^*2309d
There are 7 numbers in str
```

15. iscntrl( ) 函数

用来判断一个字符是否为控制字符。

头文件：ctype.h

语法 / 原型：

```
int iscntrl(int c);
```

参数 c 是要检测的字符或者 ASCII 码。

返回值：返回值为非 0（真）表示 c 是控制字符，返回值为 0（假）表示 c 不是控制字符。

【实例】使用 while 循环逐个输出字符串中的字符，一旦遇到控制字符就停止循环，不再打印。

```
#include <stdio.h>
#include <ctype.h>
int main ()
{
   int i=0;
   char str[]="C++ Java \n Python C# \n";
   while (!iscntrl(str[i]))
   {
      putchar (str[i]);
      i++;
   }
   return 0;
}
```

运行结果：

C++ Java

16. isalpha( ) 函数

用来检测一个字符是否是字母，包括大写字母和小写字母。

头文件：ctype.h

语法 / 原型：

int isalpha(int c);

参数 c 表示要检测字符或者 ASCII 码。

返回值：返回非 0（真）表示 c 是字母，返回 0（假）表示 c 不是字母。

【实例】C 语言 isalpha( ) 函数判断一个字符串中的字符是否是字母。

```
#include <stdio.h>
#include <ctype.h>
int main( )
{
    int i = 0;
    char str[] = "C++ Java C#";
    while (str[i])
    {
        if (isalpha(str[i])) {
```

```
            printf("%c is alphabetic\n", str[i]);
        }
        else {
            printf("%c is not alphabetic\n", str[i]);
        }
        i++;
    }
    return 0;
}
```

运行结果：

```
C is alphabetic
+ is not alphabetic
+ is not alphabetic
  is not alphabetic
J is alphabetic
a is alphabetic
v is alphabetic
a is alphabetic
  is not alphabetic
C is alphabetic
# is not alphabetic
```

17. isalnum( ) 函数

用于判断一个字符是否是字母（包括大写字母和小写字母）或者数字（0~9）。

头文件：ctype.h

语法 / 原型：

int isalnum(int c);

参数 c 表示要检测字符或者 ASCII 码。

返回值：返回非 0（真）表示 c 是字母或者数字，返回 0（假）表示 c 既不是数字也不是字母。

【实例】使用 C 语言 isalnum( ) 函数统计一个字符串中有多少个字母或数字。

```
#include <stdio.h>
#include <ctype.h>
int main( )
{
    int i = 0, n = 0;
    char str[] = "*Fight Workers!666";
```

```
    while (str[i])
    {
        if (isalnum(str[i])) n++;
        i++;
    }
    printf("There are %d characters in str is alphanumeric.\n", n);
    return 0;
}
```

运行结果：

There are 15 characters in str is alphanumeric.

18. pow( ) 函数

用来求 x 的 y 次方的值。

头文件：math.h

语法 / 原型：

double pow(double x,double y);

参数说明：

x：双精度数。

y：双精度数。

返回值：x 的 y 次方的值。

【实例 1】使用 pow( ) 函数求 2 的 3 次方，其代码如下：

```
#include <stdio.h>
#include <math.h>
int main( ) {
    double x = 2, y = 3;
    double result = pow(x, y);
    printf("%lf\n", result);
    return 0;
}
```

运行结果：

8.000000

【实例 2】使用 C 语言 pow( ) 函数计算用户输入的数值的次幂。

```
#include <stdio.h>
#include <math.h>
int main( ) {
    double a, b;
```

```
    printf(" 请输入一个数 :");
    scanf("%lf", &a);
    printf(" 请输入次幂数 :");
    scanf("%lf", &b);
    printf("result: %lf\n", pow(a, b));
    return 0;
}
```

运行结果：

请输入一个数：3

请输入次幂数：2

result: 9.000000

19. frexp( ) 函数

用来提取一个浮点数（小数）的指数部分和尾数部分。

头文件：math.h

语法 / 原型：

double frexp(double x, int *exponent)

参数说明：

x：要被计算的浮点数。

exponent：一个指向指数部分的指针。

返回值：浮点数 x 的尾数部分。

【实例】使用 C 语言 frexp( ) 函数提取浮点数 19.625 的指数部分和尾数部分。

```
#include <stdio.h>
#include <math.h>
int main( )
{
    int exp;
    double mant = frexp(19.625, &exp);
    printf("mant: %.10lf\nexp:%d\n", mant, exp);
    return 0;
}
```

运行结果：

mant: 0.6132812500

exp:5

20. modf( ) 函数

用来提取双精度浮点数的小数部分和整数。

double modf(double x, double *intptr) 将提取浮点数 x 的整数部分和小数部分，整数部分被存入参数 intptr 中，小数部分被放入返回值中。

头文件：math.h

语法 / 原型：

double modf(double x, double *intptr);

参数说明：

x：要被计算的浮点数；

intptr：一个指向整数部分的指针。

返回值：x 的小数部分。

【实例】使用 modf( ) 函数求 43.96 的小数部分和整数部分，其代码如下：

```
#include <stdio.h>
#include <math.h>
int main( ) {
    double x=43.96, intpart;
```

```
    double fractpart = modf(x, &intpart);
    printf("intpart: %lf\nfractpart: %lf\n", intpart, fractpart);
    return 0;
}
```

运行结果：

intpart: 43.000000

fractpart: 0.960000

21. log10( ) 函数

用来求以 10 为底的对数值。

头文件：math.h

语法 / 原型：

double log10(double x);

参数 x 是一个双精度数。

返回值：以 10 为底的 x 的对数值。

【实例】使用 C 语言 log10( ) 函数求以 10 为底的 40 的对数。

```
#include <stdio.h>
```

```
#include <math.h>
int main( ) {
    double m = 40;
    double n = log10(m);
    printf("%lf\n", n);
    return 0;
}
```

运行结果：

1.602060

22. log( ) 函数

用来计算 x 的自然对数，也即以 e 为底的对数。

头文件：math.h

语法 / 原型：

double log(double x);

参数 x 是一个双精度浮点数。

返回值：x 的自然对数值。

【实例】使用 C 语言 log( ) 函数求 3 和 40 的自然对数，其代码如下：

```
#include <stdio.h>
#include <math.h>
int main( ){
    double a=3, b=40;
    double c = log(a);
    double d = log(b);
    printf("%lf\t%lf\n", c, d);
    return 0;
}
```

运行结果：

1.098612　　3.688879

23. ldiv( ) 函数

用于求两个长整型数的商和余数。

头文件：stdlib.h

语法 / 原型：

ldiv_t ldiv(long int numer,long int denom);

参数说明：

numer：被除数；

denom：除数。

返回值：ldiv_t 类型的商和余数。

ldiv_t 是在 stdlib.h 头文件中定义的结构体，它有两个成员，分别是 quot 和 rem：quot 表示商，rem 表示余数。

【实例】使用 ldiv( ) 函数求两个长整型数相除的商和余数。

```
#include <stdio.h>
#include <stdlib.h>

int main( ){
   long x = 121, y = 12;
   ldiv_t a = ldiv(x, y);
   printf("%ld\t%ld\n", a.quot, a.rem);

   return 0;
}
```

运行结果：

10　　1

24. ceil( ) 函数

用于求不小于 x 的最小整数，也即向上取整。

头文件：math.h

语法 / 原型：

double ceil(double x);

参数 x 是一个双精度数值。

返回值：不小于 x 的最小整数。

【实例 1】使用 C 语言 ceil( ) 函数求不小于 m 的最小整数。

```
#include<stdio.h>
#include<math.h>
int main( )
{
    double m = 3.1415;
    int n;
    n = ceil(m);
    printf("%d\n", n);
    return 0;
```

```
}
```

运行结果：

4

25. floor( ) 函数

用于求不大于 x 的最大整数，也即向上取整。

头文件：math.h

语法 / 原型：

double floor(double x);

参数 x 是双精度数。

返回值：不大于 x 的最大整数。

【实例】使用 floor( ) 函数求不大于 m 的最大整数。

```
#include<stdio.h>
#include<math.h>
int main( )
{
    double m = 3.1415;
```

```
    double n = floor(m);
    printf("%lf\n", n);
    return 0;
}
```

运行结果：

3

26. fabs( ) 函数

用于求双精度浮点数的绝对值。

头文件：math.h

语法 / 原型：

double fabs(double x);

参数 x 是求绝对值的数。

返回值：参数 x 的绝对值。

【实例】使用 C 语言 fabs( ) 函数求 1 和 –2 的绝对值。

```
#include<stdio.h>
#include<math.h>
```

```
int main( )
{
    double a=1.1, b=-2.2;
    double c =fabs(a);
    double d = fabs(b);
    printf("%lf\t%lf\n", c, d);
    return 0;
}
```

运行结果：

1.100000　　2.200000

27. abs( ) 函数

用于求整数的绝对值。

头文件：math.h 或者 stdlib.h

语法 / 原型：

int abs(int n);

n 表示要求绝对值的数。

返回值：参数的绝对值。

【实例 1】使用 abs( ) 函数求整数 1 和 –2 的绝对值。

```
#include<stdio.h>
#include<math.h>
int main( )
{
   int a = 1, b = –2, c, d;
   c = abs(a);
   d = abs(b);
   printf("%d\n%d\n", c, d);
   return 0;
}
```

运行结果：

1

2

28. div( ) 函数

用于求两个数的商和余数。

头文件：stdlib.h

语法 / 原型：

div_t div(int numer,int denom);

参数说明：

numer 是被除数；

denom 是除数。

返回值：div_t 类型的商和余数。

div_t 是在 stdlib.h 头文件中定义的结构体，它有两个成员，分别是 quot 和 rem：quot 表示商，rem 表示余数。

【实例】使用 C 语言 div( ) 函数求 314 除以 15 的商和余数，代码如下：

```
#include<stdio.h>
#include<stdlib.h>
int main( )
{
   int x = 314, y = 15;
   div_t a = div(x, y);
   printf("%d\t%d\n", a.quot, a.rem);
   return 0;
}
```

运行结果：

20 14

29. fmod( ) 函数

用于求 x/y 的余数，针对浮点数。

头文件：math.h

语法 / 原型：

double fmod(double x,double y);

参数说明：x 和 y 都是双精度浮点数。

返回值：x/y 的余数。

【实例】使用 C 语言 fmod( ) 函数求 m/n 的余数。

```
#include<stdio.h>
#include<math.h>
int main( )
{
    double m=10.1, n=3.1; // 为变量赋初值
    double x = fmod(m,n); // 求 m/n 的余数
    printf("%lf\n", x);
```

```
    return 0;
}
```

运行结果：

0.800000

30. acos( ) 函数

用于求反余弦。

头文件：math.h

语法 / 原型：

double acos(double x);

参数 x 是一个弧度值。

返回值：参数的反余弦值。

【实例】C 语言 acos( ) 函数求 0.5 的反余弦值。

```
#include<stdio.h>
#include<math.h>
int main( )
{
```

```
    double m = 0.5, n;
    n = acos(m);
    printf("%lf\n", n);
    return 0;
}
```

运行结果：

1.047198

31. asin( ) 函数

用于求反正弦。

头文件：math.h

语法 / 原型：

double asin(double x);

参数 x 是一个弧度值。

返回值：参数的反正弦值。

【实例】使用 C 语言 asin( ) 函数求 0.5 的反正弦值。

```
#include<stdio.h>
```

```
#include<math.h>
int main()
{
double m = 0.5, n;
n = asin(m);
    printf("%lf\n", n);
    return 0;
}
```

运行结果：

0.523599

32. atan() 函数

用于求反正切。

头文件：math.h

语法 / 原型：

double atan(double atan);

参数 atan 是一个弧度值。

返回值：参数的反正切值。

【实例】使用 C 语言 atan( ) 函数求 0.5 的反正切值。

```
#include<stdio.h>
#include<math.h>
int main( )
{
    double m = 0.5, n;
    n = atan(m);
    printf("%lf\n", n);
    return 0;
}
```

运行结果：

0.463648

33. atan2( ) 函数

用于求 x/y 的反正切值。

头文件：math.h

语法 / 原型：

double atan2(double y,double x);

参数说明：

x 是一个弧度值；

y 是一个弧度值。

返回值：x/y 的反正切值。

【实例】使用 C 语言 atan2( ) 函数求 m/n 的反正切值。

```
#include<stdio.h>
#include<math.h>
int main( )
{
   double m=1, n=4, x;
   x = atan2(m, n);
   printf("%lf\n", x);
   return 0;
}
```

运行结果：

0.244979

34. cos( ) 函数

用来求余弦值。

头文件：math.h

语法 / 原型：

double cos(double x);

参数 x 是一个弧度值。

返回值：余弦函数值。

【实例】使用 C 语言 cos( ) 函数求 m 的余弦函数值。

```
#include<stdio.h>
#include<math.h>
int main( )
{
    double pi = 3.1415926;
    double m = pi / 4, n;
    n = cos(m);
    printf("%lf\n", n);
    return 0;
}
```

运行结果：

0.707107

35. cosh( ) 函数

用来求双曲余弦的值。

头文件：math.h

语法 / 原型：

double cosh(double x);

参数 x 是一个弧度值。

返回值：双曲余弦函数值。

【实例】使用 cosh( ) 函数求 m 的双曲余弦函数值。

```
#include<stdio.h>
#include<math.h>
int main( )
{
   double pi = 3.1415926;
   double m = pi/4, n;
   n = cosh(m);
   printf("%lf\n", n);
   return 0;
```

```
}
```

运行结果：

1.324609

36. exp( ) 是一个指数函数

用来求 e（底数）的 x 次幂（次方）的值。

头文件：math.h

语法 / 原型：

double exp(double x);

参数 x 表示次幂（次方）。

返回值：e 的 x 次幂。

【实例】使用 C 语言 exp( ) 函数求双精度数 m 的指数函数值。

```
#include<stdio.h>
#include<math.h>
int main( )
{
   double m = 4;
```

```
    double n = exp(m);
    printf("%lf\n", n);
    return 0;
}
```

运行结果：

54.598150